KLAUS NAPP-ZINN, REINHOLD SCHMIDT
UND HEIDI GENSCHER

VERGLEICHEND-ANATOMISCHE UNTERSUCHUNGEN AN PETALOIDEN HOCHBLÄTTERN

I. BROMELIACEEN

AKADEMIE DER WISSENSCHAFTEN UND DER LITERATUR

MATHEMATISCH-NATURWISSENSCHAFTLICHE KLASSE

TROPISCHE UND SUBTROPISCHE PFLANZENWELT

24 (1978)

Redaktion: Werner Rauh

AKADEMIE DER WISSENSCHAFTEN UND DER LITERATUR · MAINZ
IN KOMMISSION BEI FRANZ STEINER VERLAG GMBH · WIESBADEN

VERGLEICHEND-ANATOMISCHE UNTERSUCHUNGEN AN PETALOIDEN HOCHBLÄTTERN

I. Bromeliaceen

(zugleich Abhandlung III der Reihe „Bromelienstudien“)

von

KLAUS NAPP-ZINN, REINHOLD SCHMIDT
und HEIDI GENSCHER

Botanisches Institut der Universität zu Köln

Mit 39 Abbildungen und 11 Tabellen im Text

AKADEMIE DER WISSENSCHAFTEN UND DER LITERATUR · MAINZ
IN KOMMISSION BEI FRANZ STEINER VERLAG GMBH · WIESBADEN

CIP-Kurztitelaufnahme der Deutschen Bibliothek

Napp-Zinn, Klaus:

Vergleichend-anatomische Untersuchungen an petaloiden Hochblättern / von Klaus Napp-Zinn, Reinhold Schmidt u. Heidi Genscher. – Mainz: Akademie der Wiss. u. d. Literatur; Wiesbaden: Steiner [in Komm.].

NE: Schmidt, Reinhold; Genscher, Heidi:

1. Bromeliaceen: (zugl. Abh. III d. Reihe „Bromelienstudien"). – 1978.

(Tropische und subtropische Pflanzenwelt; 24)

ISBN 3-515-02859-5

DRUCK: HANS MEISTER KG, KASSEL

Printed in Germany

Inhaltsverzeichnis

I. Einleitung

Bei einer beachtlichen Zahl von Angiospermen, vornehmlich aus tropischen und subtropischen Zonen, bilden leuchtend-bunte (und das heißt hier: nicht-grüne) Hochblätter von ansehnlicher Größe einen „Schauapparat"; die eigentliche Blütenhülle dagegen ist entweder

(1.) unauffällig, etwa blaß-gelb oder blaß-grün (wie bei manchen *Heliconia*-Arten), gefärbt und oft auch nur von höchst bescheidener Größe (wie bei Araceen) – oder

(2.) sie stimmt bezüglich der Farbe mit den bunten Hypsophyllen überein (wie z. B. bei *Salvia splendens*) – oder

(3.) sie weist eine andere leuchtende Farbe auf (wie bei etlichen Bromeliaceen, z. B. verschiedenen *Aechmea*-Arten).

Solche bunten, gewöhnlich als korollinisch oder petaloid bezeichneten Hochblätter gibt es in einer ganzen Reihe von Pflanzenfamilien, die untereinander zum Teil nur recht entfernt verwandt sind, aber bezeichnenderweise größtenteils den als abgeleitet geltenden Gruppen der Asteridae und der Liliatae angehören. Handelt es sich im ersten Falle vor allem um Tubifloren s. l. (z. B. verschiedene Lamiaceen, Verbenaceen, Rhinanthoideen und Acanthaceen) sowie um Asteraceen (z. B. Strohblumen der Gattungen *Helipterum* und *Helichrysum)*, so kommen unter den Liliatae vor allem Araceen (Spathae!) sowie zahlreiche Zingiberales und Bromeliales in Betracht.

Wenn man auch meinen sollte, daß diese eigentümlichen Phyllome schon das Interesse vieler Blütenökologen, Morphologen und Anatomen hätten auf sich lenken müssen, so sind doch unsere Kenntnisse hinsichtlich der anatomischen Struktur solcher kronblattartigen Hochblätter noch außerordentlich lückenhaft. Weder in den klassischen Arbeiten über das Zustandekommen verschiedener Färbungen im Pflanzenreich noch in den Abhandlungen zur Systematischen Anatomie der in Betracht kommenden Pflanzenfamilien haben diese Organe die gebührende Berücksichtigung gefunden: Hassack (1886) beschränkt sich, wie schon der Titel seiner grundlegenden Veröffentlichung andeutet, tatsächlich fast ganz auf bunte *Laub*blätter. Immerhin kommen die blauen, violetten oder lila Hochblätter von *Melampyrum nemorosum, Salvia Horminum, Ajuga reptans* und *Eryngium*-Arten zur Sprache; ihre Färbung beruht im wesentlichen auf dem Anthocyangehalt der Epidermis. – In seinem sonst so außerordentlich vielseitigen und inhaltsreichen Handbuchbeitrag „Die Farbstoffe der Pflanzen" geht Möbius (1927) mit keinem Wort auf unseren Gegenstand ein.

Die einzige „Originalveröffentlichung", in der petaloide Hochblätter einer Reihe von Pflanzen aus verschiedenen Verwandtschaftskreisen unter anatomischen Gesichtspunkten besprochen werden, ist eine Arbeit von Fricke (1926); aus dem Bereich der Liliatae sind hier 2 Araceen und die Marantacee *Calathea Lietzei* berücksichtigt, aber auch nicht *eine* Bromeliacee! Im Vordergrund stehen hier allerdings auch nicht die anatomischen Aspekte der Färbung, sondern die Frage nach dem morphologischen Charakter der Hypsophylle: „individuelle Blattgebilde" oder „stehengebliebene Stadien der Laubblattentwicklung"?

Obgleich sich Fricke auf Grund seiner histologischen Beobachtungen im Sinne der ersten Alternative entscheidet, stellt Troll (1939: S. 1344) doch fest, „daß es sich bei den Hochblättern durchweg um Hemmungsbildungen der ihnen vorausgehenden Laubblätter handelt", räumt aber gleichzeitig (S. 1346) unter Hinweis auf Fricke ein, „die Anatomie der Hochblätter" weiche „meistenteils stark von der der Laubblätter ab" und „viele Hochblätter" wiesen „spezifische, ihnen allein zukommende Merkmale auf . . . Es braucht nur an ihre vielfach lebhafte Färbung erinnert zu werden." Anschließend legt Troll dann u. a. an Hand von *Melampyrum nemorosum, Dalechampia Roezliana, Euphorbia pulcherrima* und *Bougainvillea spectabilis,* deren petaloide Hochblätter sämtlich als Beispiele für *laminare* Hypsophylle dienen, seine morphologischen Ansichten dar (S. 1348/49, Fig. 1103/04).

Mit den beiden letzten Pflanzenarten sind auch schon die beiden Hauptobjekte genannt, die bei den seitherigen anatomischen Untersuchungen an korollinischen Hochblättern ganz entschieden im Vordergrund stehen. Mehreren Autoren ist aufgefallen, daß im Falle dieser beiden Species bei jenen Phyllomen – im Vergleich mit den entsprechenden Laubblättern – Stomata-Dichte und Spaltöffnungs-Index herabgesetzt sind. Diese Befunde veranlaßten Bünning (1958), einen eventuellen Polaritätsverlust im Infloreszenzbereich zu diskutieren. Bezüglich weiterer Einzelheiten dieser Objekte sei auf die Übersicht von Napp-Zinn (1974: S. 965 ff.) verwiesen.

Bei der Vorbereitung dieses Handbuchbeitrages zeigte sich deutlich, wie sehr sich die wenigen bisherigen Studien einerseits auf eine ganz geringe Zahl von Arten beschränken, die zudem noch großenteils den „Archichlamydeae" angehören, und daß sie andererseits – anders als die Arbeit von Fricke –

oft nur die Frage nach der Lokalisation der maßgeblichen Farbstoffe im Sinne haben. Wir haben uns deshalb vorgenommen, an Hand einiger besonders lohnender Beispiele die hier ohne Zweifel noch klaffenden Lücken wenigstens teilweise zu schließen. Nachdem sich NAPP-ZINN schon bei früherer Gelegenheit (1956) mit den petaloiden Involukralblättern einiger Compositen auseinandergesetzt hatte, sollen im Rahmen einer kleinen Publikationsreihe, deren I. Mitteilung hiermit vorgelegt wird, geeignete Liliatae im Vordergrund stehen. Entsprechende Untersuchungen an verschiedenen *Heliconia*-Arten sind schon weit fortgeschritten, und solche an Costaceen und Acanthaceen werden sich anschließen. An den Beginn wollen wir aber eine Anzahl Vertreter der Bromeliaceen stellen.

Gerade Angehörige dieser Familie scheinen – abgesehen von I. SCHONS Arbeit (1969, s. u.) – überhaupt noch nicht Gegenstand einschlägiger Untersuchungen gewesen zu sein – und dies, obwohl zahlreiche Bromeliaceen gerade wegen des dekorativen Wertes ihrer petaloiden Hochblätter vielerorts kultiviert werden! SOLEREDER und MEYER (1929, S. 103) gehen mit keiner Silbe auf unser Thema ein. Im Hinblick auf rötliche und ähnliche Blattfärbungen nennen sie lediglich die schon besprochene Arbeit von HASSACK (1886) sowie Veröffentlichungen von CEDERVALL (1884) und GERTZ (1906). Dem – allerdings auf Schwedisch publizierten – Text der Abhandlung von CEDERVALL, ihren großenteils sehr mäßigen (um nicht zu sagen: schematischen und anspruchslosen) Abbildungen sowie dem Referat in JUSTS Botanischem Jahresbericht (**12** I, S. 326) haben wir keinen Hinweis zu unserem Gegenstand entnehmen können. Die Arbeit von GERTZ hat uns nicht vorgelegen. HARMS (1930, S. 81/82) widmet den bunten Hochblättern diverser Bromeliaceen immerhin eine halbe Druckseite, freilich ohne auch nur mit einem Wort ihre anatomische Struktur zu berühren. An anderer Stelle (S. 69/70) bespricht er aber die Grundlagen der Rot- und Braunfärbung von Bromeliaceen-*Laub*blättern auf Grund einschlägiger Beobachtungen von HASSACK (1886), SCHIMPER (1888), TASSI (1899) und GERTZ (1906). In der neuen Monographie der Bromeliaceen-Anatomie von TOMLINSON (1969) schließlich wird nur die Existenz der farbigen Hochblätter erwähnt (S. 193: „often brightly coloured bracts"), mehr nicht!

Auf Veranlassung von NAPP-ZINN führte deshalb I. SCHON vor einigen Jahren an den Laub- und Hochblättern von *Aechmea fasciata* (LINDL.) BAKER geeignete Untersuchungen durch, deren Ergebnisse in der bereits erwähnten handbuchmäßigen Darstellung (NAPP-ZINN 1974, S. 967f.) berücksichtigt sind. Schon die Laubblätter dieser Pflanze enthalten ansehnliche Anthocyanmengen, wenigstens in der oberseitigen Hypodermis und im Wassergewebe, und die Rosafärbung der Hochblätter beruht darüber hinaus auf einem Rückgang des Chlorophyllgehaltes. Von den Laubblättern unterscheiden sich die Hypsophylle weiterhin u. a. durch das Fehlen der Sklerenchymstränge im unterseitigen Mesophyll und der cambiumartigen Zone in den Leitbündeln sowie durch die geringere Dichte der Schuppenhaare (an Blattbasis und -spitze) und der unterseitigen Stomata (vom Basalbereich abgesehen). Demgegenüber werden aber bei den Hochblättern auch an der Oberseite Spaltöffnungen entwickelt, wo sie bei den Laubblättern zu fehlen pflegen.

Im folgenden handelt es sich nun im wesentlichen um dreierlei. Erstens sind Anhaltspunkte dafür zu gewinnen, ob Schons Befunden innerhalb der Familie der Bromeliaceen ein gewisses Maß von Allgemeingültigkeit zukommt. Zweitens ist zu prüfen, inwieweit sich die Hochblätter auch in anatomischer Hinsicht als Hemmungsformen der Laubblätter darbieten und inwieweit sie sich andererseits als eigenständige Organe zu erkennen geben. Drittens wurde – wenigstens in einzelnen Fällen – der Vergleich nun auch auf Kelch- und Kronblätter ausgedehnt.

II. Material und Methode

Im Hinblick auf die wünschenswerte Anknüpfung an die Beobachtungen von SCHON wurde zunächst eine zweite *Aechmea*-Art gewählt, und zwar *Aechmea bracteata* (Sw.) GRISEB. *Nidularium billbergioides* (SCHULT. f.) L. B. SMITH wurde als weitere Bromelioidee in die Untersuchungen einbezogen. Den Angehörigen dieser Unterfamilie werden vier Tillandsioideen gegenübergestellt, nämlich *Guzmania minor* MEZ, *Guzmania nicaraguensis* MEZ et C. F. BAKER, *Vriesea splendens* (BRONGN.) LEM. und die *Vriesea*-Hybride *„Rodriguez"* (sehr ähnlich der bei RAUH, LEHMANN und OESER 1970, Abb. 170, wiedergegebenen *V. rodigasiana* MORREN = *V. citrina* MORREN, jedoch untere Hochblätter grün und Tragblätter blaßgelb). *Aechmea bracteata, Guzmania nicaraguensis* und *Vriesea splendens* stammten aus den Kulturen des hiesigen Instituts, die drei übrigen Pflanzen dagegen aus dem Botanischen Garten der Stadt Köln, dessen damaliger Leiter, Herr Dr. HARRO KOCH (†), sie dankenswerterweise zur Verfügung gestellt hatte. Die Namen wurden (abgesehen von demjenigen der *Vriesea*-Hybride) an Hand des Bromelienwerkes von RAUH et al. (RAUH, LEHMANN und OESER 1970 bzw. RAUH, LEHMANN und MARNIER-LAPOSTOLLE 1973) überprüft.

Für die anatomischen Erhebungen fanden longitudinale, transversale und paradermale Handschnitte sowie mit „UHU-hart" hergestellte Epidermis-Replicae Verwendung. Die Abgüsse und Schnitte wurden bei den zum Vergleich herangezogenen Laubblättern an vier Stellen gewonnen: im distalen und im proximalen Spreitenbereich sowie im distalen und im proximalen Teil der Scheide. Bei besonders kleinen Hochblättern wurde die Zahl der zu erforschenden Stellen je nach den Verhältnissen des Einzelfalles bis auf eine reduziert. Spaltöffnungen und Trichomschuppen wurden gewöhnlich an jeder der vier Stellen auf Ober- und Unterseite an 1 bis 3 Replica-Flächen von je 2 mm^2 ausgezählt. Soweit ein zu dichter Schuppenbesatz die Zählung der Stomata erschwerte, wurden diese in entsprechender Weise an Flächenschnitten ermittelt.

Bei histochemischen Proben wurden die üblichen Methoden angewandt (vgl. z. B. GERLACH 1969, S. 239/40, sowie BRAUNE, LEMAN und TAUBERT 1971, S. 285 bis 309): Cutin wurde mit Sudan III nachgewiesen, Stärke mit Jodkaliumjodid, Cellulose mit Chlorzinkjod und Lignin mit Phloroglucin/HCl sowie gemäß der MÄULEschen Reaktion (die beiden Verfahren lieferten – wie auch sonst häufig – unterschiedliche Resultate, da sie auf unterschiedliche Ligninbausteine ansprechen). Gerbstoffartige Substanzen, die bei den meisten Bromeliaceen in den Zellen der Parenchymscheiden der Leitbündel und der Sklerenchymstränge in Gestalt gelber bis brauner Tröpfchen vorliegen, reagierten nicht nach der Tannin/$FeCl_3$-Methode, nahmen aber nach Zusatz von Jodkaliumjodid eine rötliche Färbung an (vgl. WALLIN 1898).

Die Zeichnungen wurden größerenteils mit Hilfe eines Leitz-Mikroskops „Dialux", zum kleineren Teil auch mittels einfacherer Kursmikroskope der Firmen E. Leitz, Wetzlar, und C. Zeiss, Oberkochen, unter Verwendung eines Leitz-Zeichenprismas und eines Objektmikrometers hergestellt. Zur Anfertigung von Mikrophotographien diente ein Photomikroskop II von Zeiss.

Eine Reihe von Präparaten hat die technische Assistentin Frau Rosemarie Scheferhoff mit gewohnter Sorgfalt angefertigt. An der Vorbereitung von Abbildungsvorlagen für die Drucklegung hat sich außer ihr Herr Graphiker Gerd Manuschewsky beteiligt. Bei der Übersetzung der Zusammenfassung ins Englische und ins Spanische haben Fräulein cand. rer. nat. Angela Franz und Fräulein stud. rer. nat. Carmen Velarde mitgewirkt. Allen Genannten gilt unser herzlicher Dank.

III. Ergebnisse

1. *Aechmea bracteata* (Sw.) Grisebach

a. Die Blattfolge in morphologischer Sicht

Der Darlegung der anatomischen Befunde seien ein paar morphologische Bemerkungen vorausgeschickt, die – mutatis mutandis – auch für die übrigen Objekte gelten. *Aechmea bracteata* ist wie die meisten Bromeliaceen eine Halbrosettenpflanze. Die eigentlichen Laubblätter stellen die bis 130 cm langen Rosettenblätter dar. Sie gliedern sich in die bis 100 cm lange, bis 10 cm breite, distal zugespitzte Spreite, deren aufwärts gekrümmter Rand in Abständen von bis zu 30 mm (distal sehr viel weniger) etwa 8 mm lange Stacheln trägt, und eine bis 30 cm lange und 10–15 cm breite, glattrandige Blattscheide. Die übrigen Blätter der adulten Pflanze, im großen und ganzen von geringeren Ausmaßen, kann man insgesamt als Hochblätter bezeichnen. Dabei sind drei Kategorien zu unterscheiden:

1. die unteren Stengelblätter, welche in ihren Achseln *keine* Partialinfloreszenzen tragen; die untersten sind grün gefärbt („foliose Schafthochblätter"), die folgenden leuchtend rot („petaloide Schafthochblätter");

2. die gleichfalls am Stengel inserierten, petaloiden Tragblätter[1] (Brakteen) der Partialinfloreszenzen („Infloreszenzhochblätter");

3. die an Seitenachsen stehenden Deckblätter[1] (Brakteolen) der einzelnen Blüten; diese Blattorgane enthalten wieder weniger Anthocyan und erscheinen grün.

Die Längenverhältnisse der diversen Blattorgane und ihrer beiden Hauptabschnitte – Scheide und Spreite – veranschaulicht Abb. 1. Sie zeigt sehr schön, daß auch hier die Blattfolge dem Prinzip der variablen Proportionen (Troll 1949) unterliegt, und zwar mit der Besonderheit, daß die Längenkurve der

[1] Diese beiden Ausdrücke werden zwar gewöhnlich als Synonyma, hier aber – in Anlehnung an Rauh et al. (1970/73) – in unterschiedlichem Sinne benutzt.

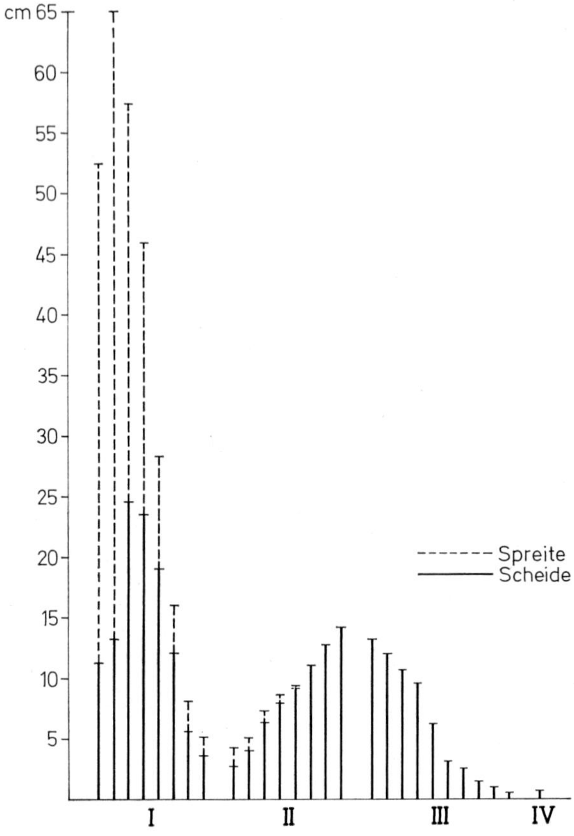

Abb. 1 *Aechmea bracteata.* Diese graphische Darstellung veranschaulicht an Hand einer repräsentativen Auswahl von Blättern des untersuchten Exemplars die Längenverhältnisse von Spreite und Scheide innerhalb der Blattfolge.
I Laubblätter (Rosettenblätter),
II Schafthochblätter,
III Tragblätter (Brakteen),
IV Deckblatt (Brakteole).

Blattscheiden (und damit die der Blätter insgesamt) *zwei* deutliche Maxima aufweist: das eine im Rosettenbereich, das zweite beim obersten petaloiden Schafthochblatt; ein kaum merkliches drittes Maximum bei den Brakteolen, die nur wenig länger sind als die kleinsten Brakteen, mag außer Betracht bleiben.

Die Längenkurve der Spreiten hingegen zeigt nur *ein* Maximum, nämlich innerhalb der Rosette, wo es aber keineswegs mit dem der Scheidenkurve zu koinzidieren braucht. Nur die untersten Stengelblätter weisen ein an der Zähnelung des Randes erkennbares Spreitenrudiment auf, das hier in Ergänzung der Schilderung von Rauh, Lehmann und Marnier-Lapostolle (1973, S. 20) erwähnt sei. Ob auch die Andeutung einer Zähnung im Spitzenbereich der winzigen Brakteolen auf dessen Spreitencharakter schließen läßt, bleibe dahingestellt.

b. Anatomie des Laubblattes

Anatomische Befunde am Laubblatt von *Aechmea bracteata* haben bereits LINSBAUER (1911), KENDA und WEBER (1951) sowie TOMLINSON (1969) vorgelegt. Sie beschränken sich auf Epidermis i. e. S., Haare und Spaltöffnungen: LINSBAUER erwähnt die Wellung der antiklinen Wände der Epidermiszellen; TOMLINSON (S. 255) stellt fest, daß Saugschuppen (Fig. 44 H, S. 208, sowie Fig. 45 D, S. 210) und Stomata (Fig. 52 G, S. 230) nur auf Interkostalfeldern vorkommen; KENDA und WEBER beobachteten bei den Wänden der Schließzellen – abweichend von allen übrigen Epidermiszellwänden – nach Behandlung mit MILLONS Reagens *keine* Rotfärbung.

Gegenüber den Laubblättern von *Aechmea fasciata* (KEILINE 1915, SCHON 1969, vgl. NAPP-ZINN 1974, S. 967/68) unterscheiden sich diejenigen von *Ae. bracteata* vor allem in folgenden Punkten:

1. Die Blätter von *Ae. bracteata* sind im ganzen dicker (etwa 1–2 mm gegenüber 400–700 µm, je nach untersuchter Stelle; am dicksten ist der distale Scheidenteil). Diese Differenz ist beim unterseitigen Mesophyll vor allem mit größeren Zellvolumina, beim oberseitigen Mesophyll außerdem mit einer höheren Anzahl von Zellenlagen verknüpft (Abb. 2).

2. Den größten Anteil an diesen Unterschieden hinsichtlich der Blattdicke hat das Wassergewebe, dessen Zellen im distalen Bereich des Blattgrundes von *Ae. bracteata* mit 300 µm eine erheblich größere Höhe erreichen und in der Spreite (bei geringeren Zelldimensionen) in einer viel größeren Zahl von Schichten vorliegen als bei *Ae. fasciata*, wo die größten Wassergewebszellen kaum eine Höhe von 100 µm erreichen.

3. Im distalen Scheidenbereich von *Ae. bracteata*, wo das Wassergewebe etwa die Hälfte der Blattdicke ausmacht, liegen die Leitbündel deutlich unterhalb der mittleren Ebene des Mesophylls, was bei *Ae. fasciata* niemals zu beobachten war. Andererseits haben wir in den Leitbündeln von *Ae. bracteata* niemals jene cambiumartige Gewebepartie angetroffen, die bei den Laubblättern von *Ae. fasciata* zu bemerken war (vgl. NAPP-ZINN 1974, Fig. 255 V).

4. Viele Sklerenchymstränge, welche nicht mit Leitbündeln assoziiert sind, von proximal geringerer und distal größerer Mächtigkeit als bei *Ae. fasciata*, durchlaufen bei *Ae. bracteata* das Mesophyll in größerer Anzahl und abweichender Anordnung: Fügen sich diese Stränge bei *Ae. fasciata* nahezu einer Ebene ein, welche zwischen der Ebene der Leitbündel und der unterseitigen Epidermis liegt, so sind sie bei *Ae. bracteata* nicht nur über beinahe diesen ganzen Raum verstreut, sondern laufen in noch größerer Zahl auch oberhalb der Leitbündelebene, ja sogar zum Teil in den inneren Partien des vielschichtigen oberseitigen Wassergewebes (Abb. 2).

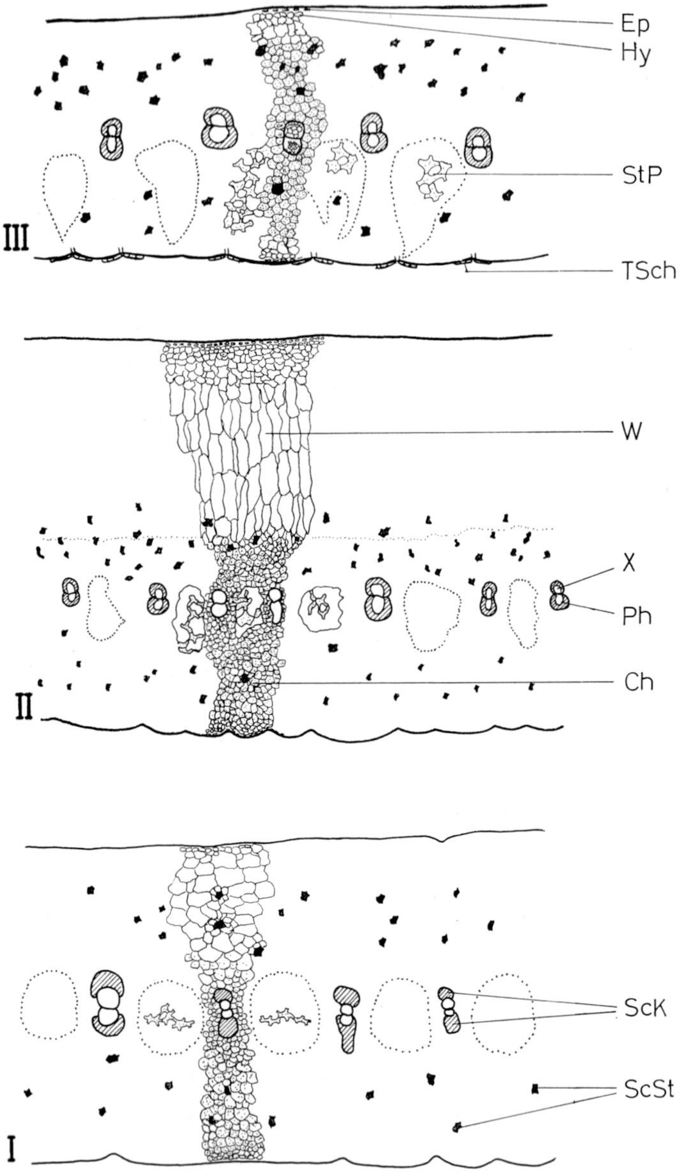

Abb. 2 *Aechmea bracteata.* Teile von Querschnitten durch ein Laubblatt (halb-schematisch): I an der Basis der Scheide, II im distalen Bereich der Scheide, III im mittleren Spreitenteil. Ch = Chlorenchym, Ep = Epidermis, Hy = Hypodermis, Ph = Phloem, ScK = Sklerenchymkappen der Leitbündel, ScSt = Sklerenchymfaserstränge, StP = Sternparenchym (Aërenchym) der „zentralen Atemkanäle" (LINSBAUER 1911), TSch = Trichomschuppe, W = Wassergewebe, X = Xylem. I und III sind etwa 37fach, II 25fach vergrößert.

5. Hinsichtlich der Dichte der Stomata und der Schuppenhaare herrschen nur geringfügige Unterschiede, insbesondere stimmen die allgemeinen „Trends" bei den zwei Arten überein: Das Minimum der Dichte der unterseitigen Spaltöffnungen liegt z. B. in beiden Fällen an der Scheidenbasis, und das der Dichte der ober- und unterseitigen Saugschuppen beide Male in der Übergangsregion zwischen Scheide und Spreite. Ein deutlicherer Unterschied ergibt sich erst, wenn man (für die Unterseite) den Quotienten Stomata : Schuppen ermittelt, welcher nach TOMLINSON (1969, S. 195) den Grad der Anpassung an die epiphytische Lebensweise widerspiegelt: Er beträgt bei der Spreite von *Ae. bracteata* distal und proximal 2,2 (bei *Ae. fasciata* nur 1,6 und 1,5) und liegt damit deutlich unter dem von TOMLINSON für 43 Bromelioideae errechneten Mittelwert von 3,2; gegen die Scheidenbasis zu nimmt dieser Quotient noch sehr viel geringere Werte an (Tabelle 1). Auf einen weiteren Unterschied zwischen beiden *Aechmea*-Arten, welcher gleichfalls die Beschuppung betrifft, kommen wir auf S. 19 zu sprechen.

Tabelle 1

Aechmea bracteata. Anzahl der Stomata und der Schuppenhaare pro mm² an Ober- (OS) und Unterseite (US) in verschiedenen Bereichen des Rosettenblattes. Eingeklammerte Zahlen ergaben sich aus zusätzlichen Ermittlungen am Blattrand. Jede Zahl stellt den Mittelwert aus Zählungen an drei Probeflächen von je 2 mm² dar.

	Spreite distal	Spreite proximal	Scheide distal	Scheide proximal
		Stomata		
OS	0	0	0	0
US	37	31 (28)	17	vereinzelt
		Schuppenhaare		
OS	21	1 (2)	11 (15)	16
US	17	14	17	25
		Quotient Stomata : Schuppenhaare		
US	2,2	2,2	1,0	$\ll$ 0,1

In vielen anderen Beziehungen herrscht Übereinstimmung zwischen *Ae. bracteata* und *Ae. fasciata*. So findet man Anthocyan, das makroskopisch kaum in Erscheinung tritt, am ehesten in der Hypodermis, d. h. im Falle von *Ae. bracteata*: in einer – je nach Blattbereich – mehr oder minder großen Zahl von Zellen der subepidermalen Schicht; im einzelnen ist der Anthocyangehalt im distalen Scheidenteil am größten.

An bemerkenswerten Strukturen des *Ae. bracteata*-Blattes seien – ohne Rücksicht auf eventuelle Übereinstimmungen oder Differenzen im Vergleich mit *Ae. fasciata* – noch kurz die folgenden erwähnt: Die Schließzellpaare sind (wie bei Bromeliaceen üblich, vgl. Linsbauer 1911) in der Regel von zwei (vereinzelt aber drei oder vier) lateralen und zwei polaren Nebenzellen umgeben; an der Innenseite liegen ihnen je zwei sichelförmige Hypodermiszellen an, wie sie Linsbauer auch schon bei einer ganzen Reihe von Bromeliaceen entdeckt hatte (hiervon abgesehen, sind die unterseitigen Hypodermiszellen breiter und kürzer als die oberseitigen). Diese sichelförmigen Zellen flankieren den Eingang zu den von Linsbauer so bezeichneten „sekundären Atemkanälen", welche „von chlorophyllführenden Parenchymzellen umkleidet" sind. Die Zellen des Wassergewebes entsprechen dem „Faltungstyp" (vgl. Engmann 1934 sowie Linsbauer).

Außer den bereits genannten Differenzen zwischen Scheide und Spreite des *Ae. bracteata*-Blattes, z. B. hinsichtlich der Dicke dieser Blattabschnitte, der Entwicklung des Wassergewebes sowie der Verteilung von Spaltöffnungen und Saugschuppen, verdienen die folgenden Erwähnung:

1. Der Rand der Spreite ist abgerundet, wogegen der Scheidenrand flach auskeilt (Abb. 3). Entsprechendes ist auch schon bei vielen anderen Angiospermen beobachtet worden (Übersicht bei Napp-Zinn 1974, S. 835 f.).

2. Die ober- und unterseitigen sklerenchymatischen Beläge der Leitbündel, welche bei stärkeren Bündeln auf der Höhe der Phloem-Xylem-Grenze zu einer massiven Röhre zusammenschließen können, sind in der Scheide merklich kräftiger entwickelt als in der Spreite. Während der Lignin-Nachweis nach Mäule bei diesen Sklerenchymbelägen im ganzen Blatt gelingt, erzielt man mit Phloroglucin/HCl nur im Basalbereich des Blattes eine schwache Reaktion (im zweiten Fall reagieren nur die Gefäße deutlich). Auch die schon auf S. 15 erwähnten Sklerenchymstränge im Assi-

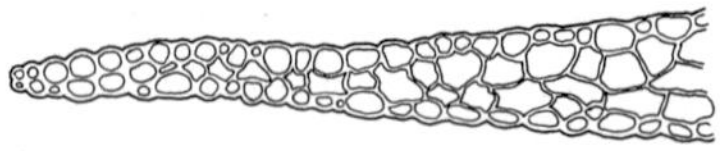

I

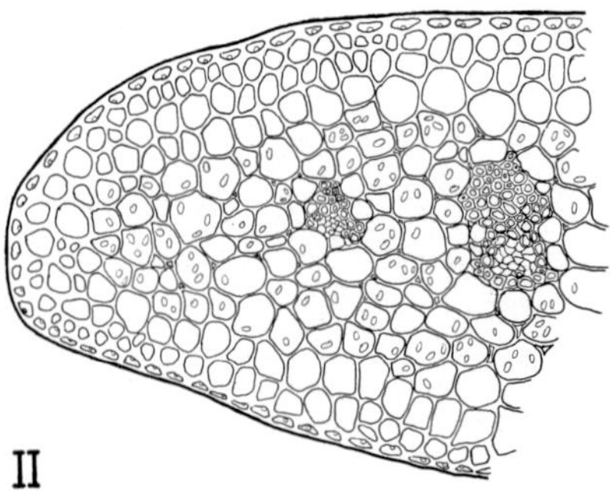

II

Abb. 3 *Aechmea bracteata*. Laubblatt. Querschnitte durch den Rand der Scheide (I) und den der Spreite (II). Vergrößerung: I 260fach, II 180fach.

milations- und Wassergewebe sind proximal stärker ausgebildet. Spitzenwärts nimmt sowohl ihre Anzahl ab als auch die der Fasern, aus denen sie sich zusammensetzen.

3. Die Saugschuppen der Spreite kann man, verglichen mit denen der Scheide, nur als Kümmerformen bezeichnen. Einzelheiten gehen aus Abb. 4 sowie aus Tabelle 2 hervor. Bei *Ae. fasciata* liegen die Dinge insofern etwas anders, als bei deren Spreite Querstreifen mit wohlentwickelten, einander berührenden Schuppenhaaren und solche mit reduzierten Schuppen abwechseln. Die beiderlei Querstreifen, auf die ja auch das spezifische Epithet (fasciata = gebändert) anspielt, unterscheiden sich dagegen nicht bezüglich der Anzahl der Schuppen pro Flächeneinheit, wie man nach den Ausführungen von HARMS (1930, S. 69) meinen könnte (SCHON 1969).

I

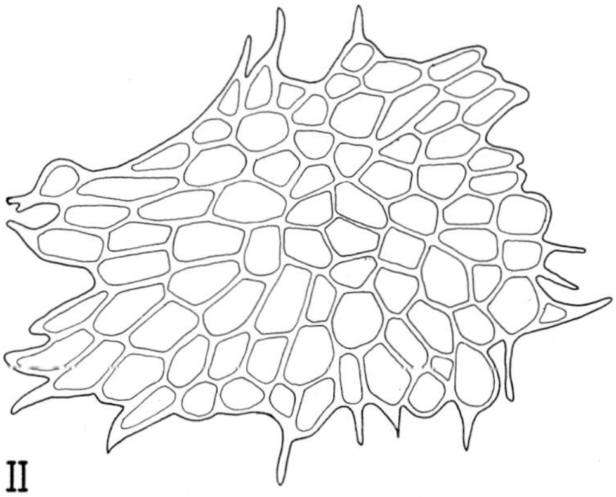

II

Abb. 4 *Aechmea bracteata.* Laubblatt, Saugschuppen von der Unterseite der Scheide (I) und der Spreite (II). Vergrößerung: I 135fach, II 320fach.

Tabelle 2

Aechmea bracteata. Charakteristika der Saugschuppen auf der Unterseite von Scheide und Spreite des Rosettenblattes.

	Blattscheide	Blattspreite
Schuppendurchmesser (μm)	295–385	110–140
Bedeckung der Blattoberfläche	fast lückenlos	sehr lückenhaft
Ausdifferenzierung des Schildes	ziemlich regelmäßig	unregelmäßig
Vorsprünge der peripheren („Flügel“-)Zellen	meist Zellwand und Lumen (Plasma) beteiligt	meist nur Zellwand beteiligt
Außenwände der Schildzellen	dicker	sehr dünn
Zahl der Stiel- (Aufnahme-) Zellen	4–5	4

c. Anatomie der Hochblätter

Gewebeverteilung. Im ganzen betrachtet, sind die Hochblätter von *Aechmea bracteata* erheblich dünner als die Laubblätter. Maßen diese in der Dicke 1–2 mm, so beträgt die Dicke der foliosen (unteren) Schafthochblätter etwa 0,4–0,9 mm und die der petaloiden (oberen) Schafthochblätter und der Tragblätter nur noch 0,2–0,45 mm (Abb. 5). Die geringere Mächtigkeit der Hochblätter geht vor allem mit einer verminderten Zahl von Mesophyll-Zellschichten einher, wogegen die Zellvolumina im allgemeinen weniger differieren, sieht man vom oberseitigen Wassergewebe ab, dessen Zellen im distalen Teil der Laubblattscheide eine Höhe von bis zu 300 μm, im Hochblatt aber nur noch eine solche von 60 μm erreichen.

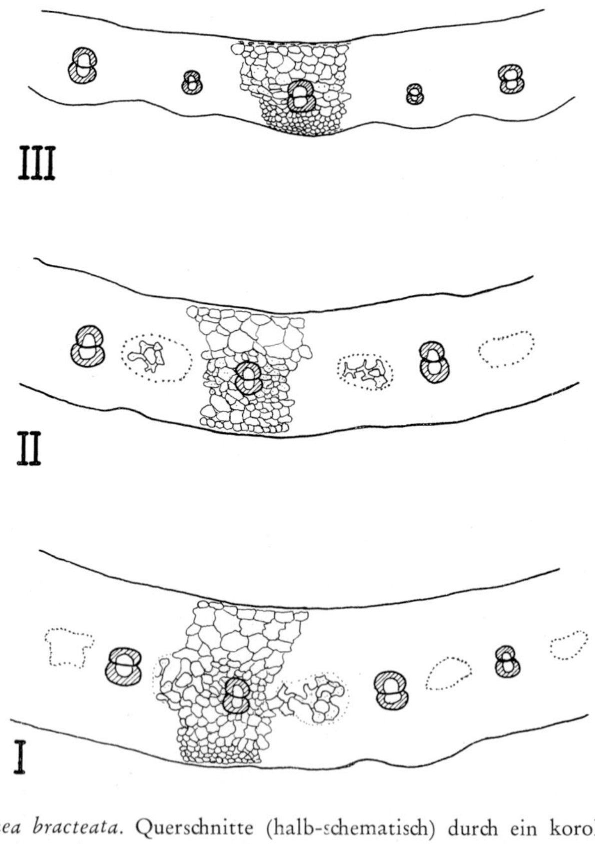

Abb. 5 *Aechmea bracteata.* Querschnitte (halb-schematisch) durch ein korollinisches Tragblatt: I im proximalen, II im mittleren, III im distalen Bereich. Vergrößerung 50fach.

Der Rand der Hochblätter ist zugeschärft (Abb. 6), wie wir es in ähnlicher Form schon bei der *Scheide* des Laubblattes beobachtet hatten und wie es dem im wesentlichen vaginalen Charakter der Hypsophylle entspricht.

Was die Epidermis anlangt, so sind die Zellumina größer (vor allem länger und höher) und die antiklinen und die inneren Zellwände insgesamt erheblich dünner als beim Laubblatt (Abb. 7 I, II). Im einzelnen nimmt die Wanddicke innerhalb des Hochblattbereiches mit steigender Insertionshöhe ab, desgleichen innerhalb des einzelnen Blattes vom mittleren Bereich gegen die Basis wie gegen die Spitze zu. Erwiesen sich die Innenwände der Epi-

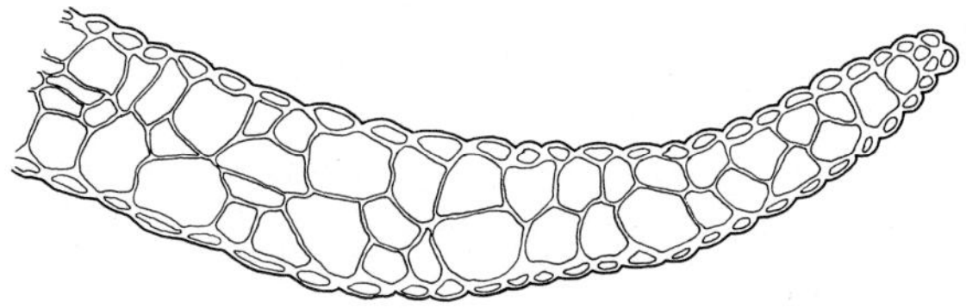

Abb. 6 *Aechmea bracteata.* Querschnitt durch den Rand eines Tragblattes. Vergrößerung 260fach.

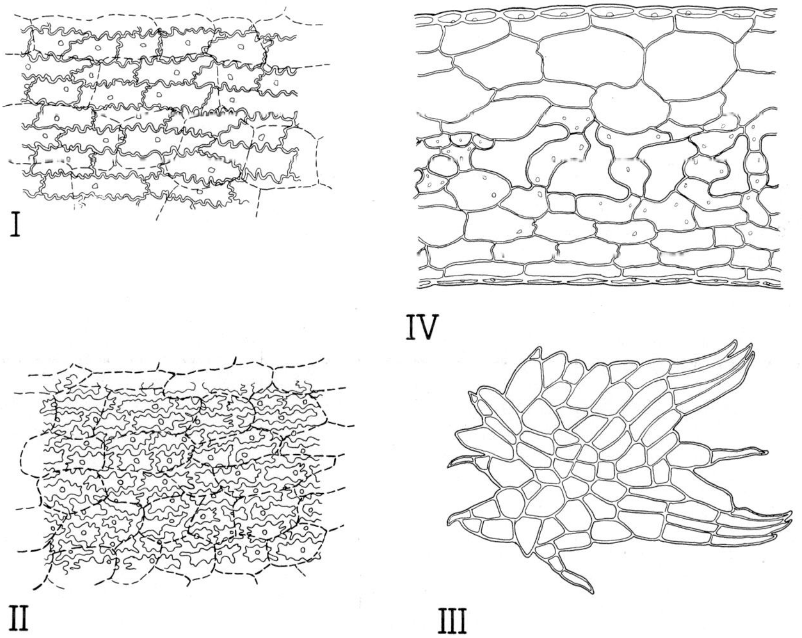

Abb. 7 *Aechmea bracteata.* Hochblatt. I, II Epidermis (ausgezogene Linien) und Hypodermis (gestrichelt) der Ober- (I) und der Unterseite (II); III Saugschuppe von der Unterseite; IV Längsschnitt zwischen zwei Leitbündeln. Vergrößerung: I, II 210fach, III, IV 130fach.

dermiszellen der Laubblattscheide besonders in der Umgebung von Trichomen als schwach verholzt (Phloroglucin/HCl), so ist bei den entsprechenden Zellwänden der Hochblätter keine Lignifikation zu bemerken.

Die Außenwände der Epidermiszellen und die Cuticula sind bei beiderlei Phyllomen etwa gleich dünn (letztere etwa 1 μm); die Außenwände sind jedoch bei den Hochblättern etwas stärker nach außen gewölbt. Übereinstimmung mit den Laubblättern herrscht wiederum hinsichtlich des von Linsbauer (1911, S. 328 f.) nahezu allgemein bei Bromeliaceen nachgewiesenen Kieselkörpers (hier von 2–3 μm Durchmesser) in jeder Epidermiszelle.

Einen Überblick über die Verbreitung von Spaltöffnungen und Schuppenhaaren bei den verschiedenen Arten von Hypsophyllen vermittelt Tabelle 3. Der bemerkenswerteste Befund besteht darin, daß alle Hochblätter – im Gegensatz zu den Laubblättern – auch oberseitige Stomata besitzen. Hierin besteht Übereinstimmung mit *Ae. fasciata* (vgl. Napp-Zinn 1974, S. 968)[2].

Tabelle 3

Aechmea bracteata. Anzahl der Stomata und der Schuppenhaare pro mm² an Ober- (OS) und Unterseite (US) der Spitze, Mitte und Basis verschiedener Hochblätter.

		Stomata			Schuppenhaare		
		Spitze	Mitte	Basis	Spitze	Mitte	Basis
1. folioses Schaft-	OS	0	vereinzelt	2,5	20	7,5	3,5
hochblatt	US	15	7,5	4	14,5	22,5	39,5
3. folioses Schaft-	OS	3	2	1	13	4	5
hochblatt	US	20	6	5,5	22,5	19	19
5. folioses Schaft-	OS	3,5	3	2,5	6,5	1,5	1,5
hochblatt	US	21	6,5	5	21	10,5	12
petaloides Schaft-	OS	3,5	2	1	12,5	3	vereinzelt
hochblatt	US	24,5	7	6	17,5	12,5	12,5
1. petaloides	OS	2	1	2	4	3	1
Tragblatt	US	10	6	7	6	6	8
höheres petaloides	OS	1	1,5	3	4	2	vereinzelt
Tragblatt	US	7,5	6,5	7,5	4	2	3
Deckblatt	OS		1,5			3,5	
	US		4			3,5	

[2] Nach Angaben von Tomlinson (1969, S. 219) zu urteilen, sind adaxiale Stomata bei Bromeliaceen bislang so gut wie unbekannt.

Allein an der Spreitenspitze des untersten Stengelblattes fehlen oberseitige Spaltöffnungen, deren Anzahl aber im übrigen niemals 4 pro mm^2 übersteigt. An der Unterseite pflegt das Maximum der Stomata-Dichte (wie beim Laubblatt) im Bereich der Blattspitze zu liegen und erreicht dort beim Übergang von den foliosen zu den petaloiden Hochblättern die höchsten Werte, die jedoch hinter den bei der Laubblattspreite ermittelten deutlich zurückbleiben.

Für die Länge der Schließzellen wurde bei Hochblättern ein Mittelwert von 33 µm (gegenüber 38 µm beim Laubblatt) errechnet. Ansonsten sind die Unterschiede beim Vergleich mit den Laubblättern gering: Die lateralen Nebenzellen sind merklich großlumiger, und ihre Außenwandfläche ist etwas größer; auch sind die Stomata der Hochblätter etwas weniger tief eingesenkt und an der Oberseite im Gegenteil sogar ein bißchen über das Niveau der übrigen Epidermis erhoben.

Das Verteilungsmuster der Schuppenhaare entspricht bei dem noch von einem dichten braunen Schuppenbelag bedeckten untersten Stengelblatt ungefähr dem der Laubblätter (Tabelle 1), nur mit dem Unterschied, daß das apikale Dichte-Maximum der Oberseite gegen die Basis zu kontinuierlicher abfällt und das basale Dichte-Maximum der Unterseite einen wesentlich höheren Wert erreicht als beim Laubblatt. Bei allen weiter stengelaufwärts inserierten Hypsophyllen ist dagegen auch das unterseitige Maximum in den Spitzenbereich verlegt – bei im großen und ganzen sinkenden absoluten Werten. Der abrupteste Rückgang erfolgt beim Übergang von den korollinischen Schafthochblättern zu den Tragblättern, die hier wesentlich spärlicher beschuppt sind als bei *Ae. fasciata*.

Angesichts der relativen Zufälligkeit dieser kleinen Zahlen lohnt es sich kaum, auf die Quotienten Stomata : Saugschuppen näher einzugehen. Sie liegen meist bei Werten < 1 und erreichen erst bei petaloiden Hypsophyllen wieder höhere Werte (bis > 3).

Das einzelne Schuppenhaar bleibt in seiner Entwicklung um so mehr zurück, je stärker die Dichte der Behaarung mit steigender Insertionshöhe nachläßt. In seiner asymmetrischen, oft geradezu bizarren Gestalt (Abb. 7 III) erinnert es vielfach an die Kümmerformen der Laubblattspreite. Hinter dem vollentwickelten Schuppenhaar der Laubblattscheide steht es aber weniger hinsichtlich des Durchmessers als bezüglich der Anzahl der (verhältnismäßig großen) Zellen zurück. Die Zahl der Stielzellen beträgt 3 oder 4.

Die nächste Differenz zwischen Laub- und Hochblättern betrifft das Hypoderm. Unter diesem Begriff sei hier die Gesamtheit der zwischen dem Assimilations- und dem Leitgewebe einerseits und den beiderseitigen Epidermen andererseits gelegenen Gewebe verstanden. Beim Laubblatt lassen sich in Scheide und Spreite zwei Ausprägungen des Hypoderms unterscheiden:

ein subepidermales Festigungsgewebe und ein mehr zentral gelegenes Wassergewebe. Das erste geht ± kontinuierlich in das zweite über, indem die Zellgrößen zu-, die Dicke und Verholzung der Zellwände aber abnehmen. An der Oberseite macht das Festigungsgewebe in der Laubblattspreite meist eine, in der Scheide zwei bis drei Lagen von Zellen aus, die ein wenig in der Längsrichtung des Blattes gestreckt sind; an der Unterseite, zwischen den Spaltöffnungen, handelt es sich um ein bis zwei Lagen solcher Zellen mit besonders dicken (bis 3 μm), reich getüpfelten Wänden. Im übrigen sind die Zellwände des beiderseitigen Festigungsgewebes verholzt. Eine deutliche Rötung tritt jedoch nur nach Behandlung mit dem Mäuleschen Reagens ein, und zwar an der Oberseite stärker als an der Unterseite; Phloroglucin/HCl ergibt allein im Basalbereich eine schwache Reaktion.

Bei den Hochblättern schließt sich nun an die oberseitige Epidermis – ohne Vermittlung eines Festigungsgewebes – unmittelbar das Wassergewebe an, das sich aus viel breiteren Zellen zusammensetzt (Abb. 7 I); nur an der Unterseite trifft man ein einzellschichtiges Festigungsgewebe an, dessen Wände aber keinerlei Ligninreaktion geben.

Sitz der Anthocyanfärbung ist in jedem Falle die subepidermale Zellenlage. Während bei Laubblättern nur im distalen Teil der Scheide ein größerer Prozentsatz der subepidermalen Zellen Anthocyan enthält, führen bei den petaloiden Hochblättern fast alle subepidermalen Zellen diesen Farbstoff.

Die Rotfärbung kommt aber nur bei gleichzeitigem Chlorophyllmangel voll zur Wirkung, weshalb wir – indem wir das auch schon auf S. 20 erwähnte Wassergewebe übergehen – als nächstes das Assimilationsgewebe ins Auge fassen. Dieses Gewebe gliedert sich beim Laubblatt im wesentlichen in zwei Komplexe. Der eine besteht aus bis zu 30 Lagen von rundlichen bzw. ellipsoidalen Parenchymzellen und geht nach außen hin kontinuierlich ins Wassergewebe über. Auch basalwärts nimmt der Chlorophyllgehalt ab, und an Stelle von Chloroplasten findet man im proximalen Scheidenteil Leukoplasten, insbesondere auch Stärkekörner von bis zu 20 μm Durchmesser. In der unteren Hälfte des Mesophylls wird dieser Komplex von säulenförmigen Hohlräumen (Linsbauers „zentralen Atemkanälen“) durchzogen, welche – wie auch bei vielen anderen Bromeliaceen – mit den längs verlaufenden Leitbündeln alternieren (Abb. 2) und als zweite Komponente des Chlorenchyms sternförmige Assimilationszellen, das sogenannte Aërenchym, enthalten.

Die Hochblätter weichen nun hinsichtlich des Assimilationsgewebes insofern von den Laubblättern ab, als die Anzahl der Zellenlagen und der Chlorophyllgehalt drastisch reduziert sind (Abb. 7 IV). Die petaloiden oberen

Hochblätter sind praktisch chlorophyllfrei, die foliosen unteren nehmen eine Übergangsstellung ein.

Der letzte Vergleichspunkt betrifft die Sklerenchymbeläge der Leitbündel sowie die Sklerenchymstränge im Wasser- und im Assimilationsgewebe[3]. Unter den Leitbündeln, deren Kaliber – im Blattquerschnitt betrachtet – in unregelmäßiger Folge wechselt, sind die größeren wie bei den Laubblättern wieder von einer geschlossenen, verholzten Sklerenchymröhre umgeben, wie Sklerenchym auch Xylem und Phloem voneinander trennt. Die Zellwände sind aber wesentlich dünner. Die kappenförmigen Beläge der kleineren Leitbündel bestehen nur noch aus wenigen Faserzellen. – Die im Assimilations- und im Wassergewebe der Laubblätter verlaufenden Sklerenchymstränge fehlen den petaloiden Hochblättern völlig. Die foliosen unteren Stengelblätter weisen immerhin vereinzelte Sklerenchymstränge auf und vermitteln auch bezüglich der übrigen Sklerenchymentwicklung zwischen den Extremen.

2. *Nidularium billbergioides* (Schult. f.) L. B. Smith

a. Morphologische Vorbemerkung

Ebenso wie bei *Aechmea bracteata* kann man bei blühenden Individuen von *Nidularium billbergioides* zwei Sproßabschnitte unterscheiden: die Rosette und den als Infloreszenzschaft fungierenden Stengel. Erstere setzt sich bei unserem Exemplar aus zahlreichen bis etwa 30 cm langen Blättern zusammen, die sich etwa im Verhältnis 2 : 5 in eine ovale, bis 5 cm breite, braun beschuppte Scheide und eine in der Mitte bis > 3 cm breite Lamina gliedern. Die chlorophyllarmen Basalabschnitte dieser Laubblätter schließen – wie bei *Aechmea* – zu einer Zisterne zusammen und sind von der Spreite durch eine schmalere Blattregion abgegrenzt. Der Stengel trägt unterhalb der Infloreszenz nur ein oder zwei kleine, laubblattähnliche, grüne Hochblätter; hierauf folgt eine Art Involucrum, gebildet von etwa einem Dutzend petaloider Blätter von zeitweise zitronengelber Farbe (daher vorübergehend die Bezeichnung *N. citrinum* Mez 1921), an Rand und Spitze grün. Das äußerste dieser Blätter ist das kleinste. Für die „interimistische“ Längenzunahme der nachfolgenden Phyllome ist eine erneute Verlängerung des Blattgrundes verantwortlich; die Länge der mit grünen Randstacheln besetzten Spreite geht jedoch im Infloreszenzbereich ständig zurück.

b. Anatomie des Laubblattes

Der Übersicht von Tomlinson (1969) nach zu urteilen, ist das Blatt von *Nidularium billbergioides* (seinerzeit noch unter dem Namen *N. bracteatum* Mez 1891) bis jetzt erst

[3] Für das Laubblatt vgl. S. 15!

einmal Gegenstand anatomischer Untersuchungen gewesen, und zwar hat Tietze (1906) diese Species in seine Forschungen über Schuppenhaare mit einbezogen.

Die Spreite ist in der Mitte etwa 400 µm dick, distal etwas mehr; die Scheide erreicht in ihrer distalen Partie etwa die doppelte Mächtigkeit, im wesentlichen dank einem oberseitigen Wassergewebe, das hier u. a. drei Lagen von je ca. 100 µm hohen Zellen umfaßt. Randwärts sind beide Blattabschnitte dünner, aber nur die Scheide trägt den charakteristischen Hautsaum (Abb. 8, 9).

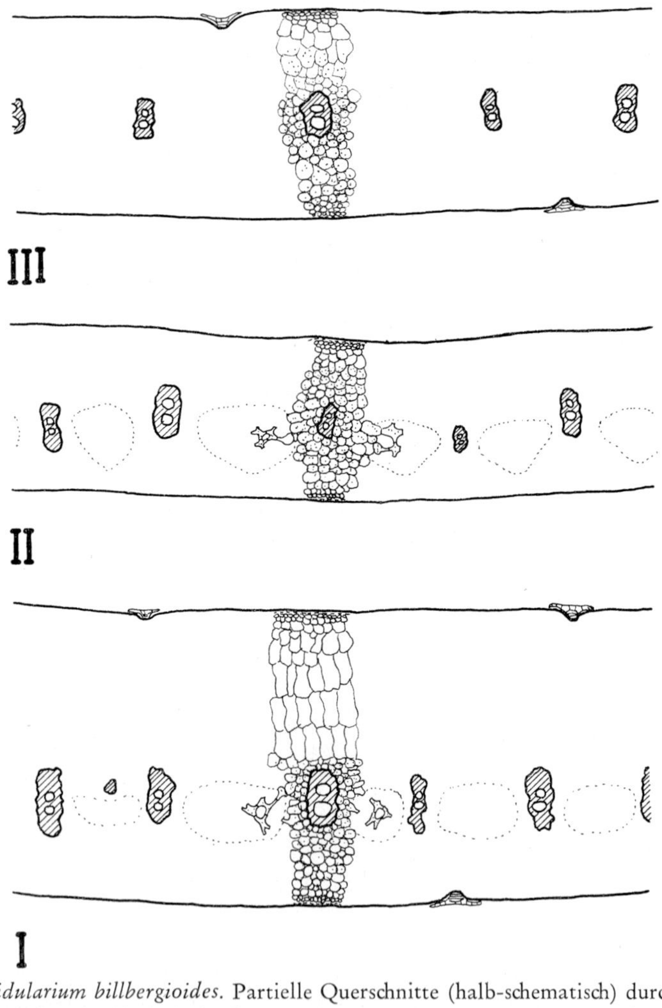

Abb. 8 *Nidularium billbergioides*. Partielle Querschnitte (halb-schematisch) durch ein Laubblatt: I im distalen Bereich der Scheide, II in der Mitte der Spreite, III im distalen Spreitenteil. Vergrößerung: I 50fach, II und III 60fach.

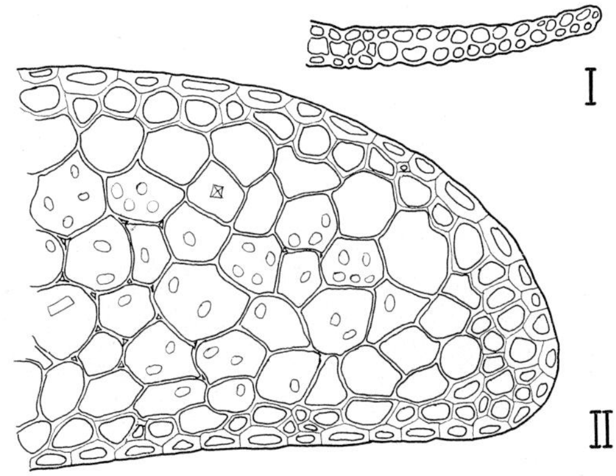

Abb. 9 *Nidularium billbergioides.* Laubblatt. Querschnitt durch den Rand der Scheide (I) und den der Spreite (II). Vergrößerung 325fach.

Erwiesen sich bei *Aechmea* die verdickten Innenwände der Epidermiszellen nur an der Basis größerer Laubblätter als schwach verholzt (am ehesten in der Umgebung der Trichomschuppen), so ergaben die entsprechenden Wände bei *Nidularium billbergioides* nach Behandlung mit Phloroglucin/HCl eine ausgesprochen lebhafte Ligninreaktion. Diese nimmt allerdings spitzenwärts ab und bleibt in der Spreite aus. Hier liefert jedoch die MÄULE-Reaktion bei den Schließzellen positive Ergebnisse. Anders als bei *Aechmea* sind die polaren Nebenzellen weitlumiger als die besonders schmalen lateralen; außer den vier Nebenzellen sind auch die lateralen Kranzzellen glattwandig (Abb. 10 IV). Das im allgemeinen einzellschichtige hypodermale Festigungsgewebe besteht aus bis zu 100 µm langen Zellen, deren antikline Längswände weit stärker verdickt sind als bei *Aechmea* (Abb. 10 III). An der Unterseite der Scheide handelt es sich um zwei Lagen bis 50 µm langer Zellen; Zellen beider Lagen beteiligen sich am Verschluß der inneren Atemhöhlen (Abb. 11 V, VI). Auf ein in der Spreite ein- bis zweizellschichtiges Wassergewebe, das aus annähernd isodiametrischen Zellen von bis zu 50 µm Durchmesser besteht, folgt das Assimilationsgewebe, welches sich aus acht bis zehn Lagen rundlicher bzw. ellipsoidaler, chloroplastenhaltiger Zellen zusammensetzt. Calciumoxalat kommt in Gestalt von Drusen, Einzelkristallen und Rhaphidenbündeln vor. Aërenchymstränge in der unterseitigen Hälfte des Mesophylls alternieren wieder mit Leitbündeln, welche selbst, durch das Aërenchym hindurch miteinander durch Anastomosen verbunden, etwa in der Mittelebene des Mesophylls verlaufen. Größere Leitbündel sind ringsum von bis zu 200 µm langen Sklerenchymzellen umgeben, wie sie auch Xylem und Phloem voneinander trennen (Abb. 10 VI). Mit Phloroglucin/HCl färben sich die Wände der das Phloem umgebenden Sklerenchymzellen intensiv rot, die der übrigen aber nur schwach. Das MÄULEsche Reagens färbt erstere gelb, die übrigen weinrot.

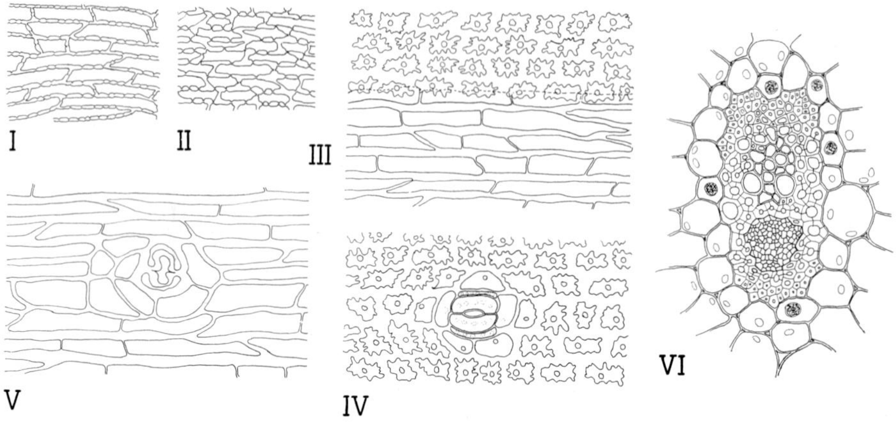

Abb. 10 *Nidularium billbergioides.* Laubblatt. I, II Flächenansicht der ober- (I) und der unterseitigen Hypodermis (II) der Scheide; III oberseitige Epi- und Hypodermis der Spreite; IV, V unterseitige Epi- (IV) und Hypodermis (V) der Spreite, jeweils im Bereich einer Spaltöffnung; VI Querschnitt durch ein größeres Leitbündel. Vergrößerung: I und II 130fach, III–VI 210fach.

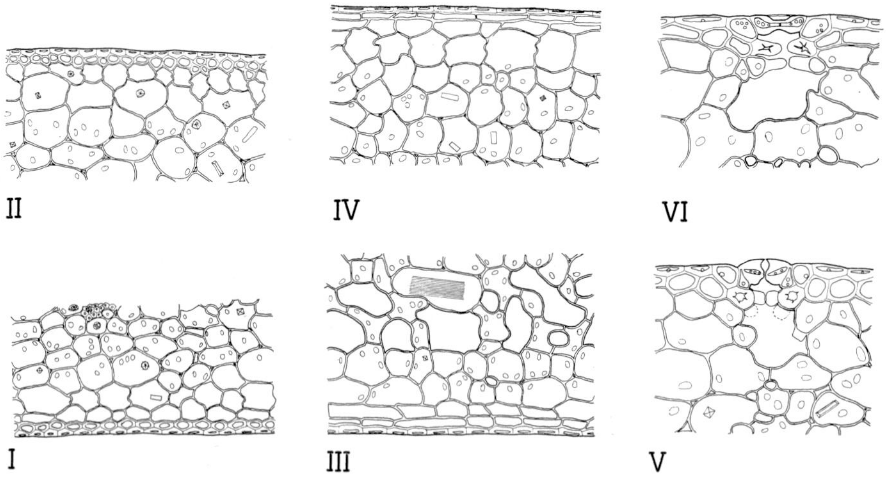

Abb. 11 *Nidularium billbergioides.* Laubblatt. I, II Teile von Querschnitten durch die Spreite (I Unter-, II Oberseite); III, IV Teile von Längsschnitten durch die Spreite zwischen zwei Leitbündeln (III Unter-, IV Oberseite); V, VI Spaltöffnungsapparat im Quer- (V) und im Längsschnitt (VI). Vergrößerung: I–IV 130fach, V und VI 250fach.

Nach außen zu schließt sich eine Parenchymscheide an; deren Zellen erscheinen im Querschnitt rundlich, sind aber in der Längsrichtung des Blattes gestreckt; sie enthalten Chloroplasten, einige auch gerbstoffähnliche Tropfen, wie sie übrigens auch bei *Aechmea* und vielen anderen Bromeliaceen vorkommen (vgl. WALLIN 1898). Allein in der Spreite, und zwar im unterseitigen Chlorenchym der Interkostalstreifen, treten ganz vereinzelt selbständige Sklerenchymstränge auf, die sich aus englumigen Fasern zusammensetzen und nur gelegentlich ein paar Leitelemente umschließen.

c. Anatomie der Hochblätter

Verglichen mit den Laubblättern sind auch bei *Nidularium billbergioides* die Hochblätter wesentlich dünner: Die Dicke des Blattgrundes beträgt etwa 350 µm, die der Spreite 200–300 µm. Nur die Spitze ist mit 500–600 µm erheblich dicker (Abb. 12). Dies hängt damit zusammen, daß sich das beider-

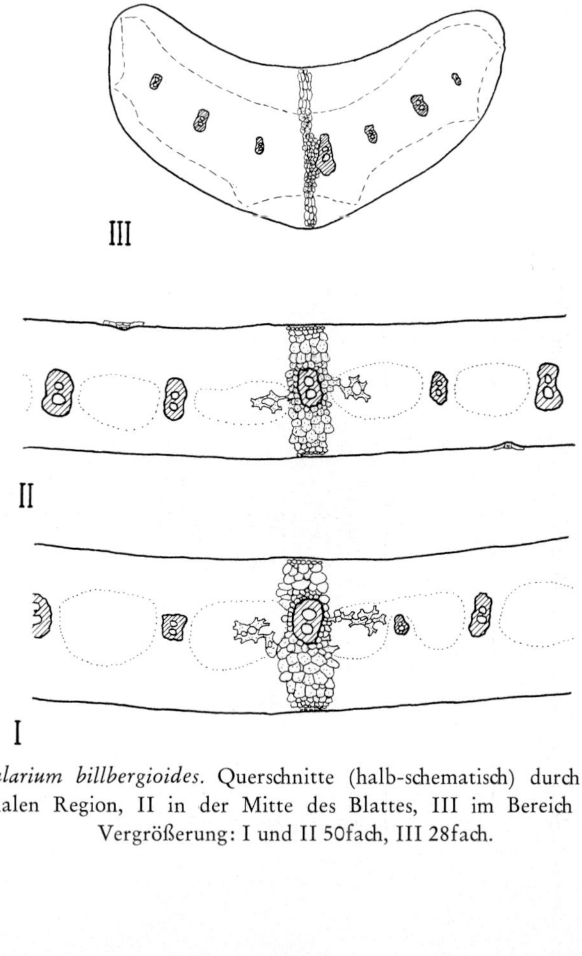

Abb. 12 *Nidularium billbergioides*. Querschnitte (halb-schematisch) durch ein Hochblatt: I in der vaginalen Region, II in der Mitte des Blattes, III im Bereich der Blattspitze. Vergrößerung: I und II 50fach, III 28fach.

Tabelle 4

Nidularium billbergioides. Anzahl der Stomata und der Schuppenhaare pro mm^2 an Ober- (OS) und Unterseite (US) verschiedener Abschnitte von Laub- und Hochblättern.

		Stomata				Schuppenhaare			
		Spreite distal	Spreite proximal	Scheide distal	Scheide proximal	Spreite distal	Spreite proximal	Scheide distal	Scheide proximal
Rosettenblatt	OS	0	0	0	0	11	6	13	19
	US	16	13	2	1	13	8	7	18
grünes Schafthochblatt	OS	0	1	1	vereinzelt	11,5	10,5	6	3
	US	24	9	6	1	14	11	9,5	8
petaloides unteres Tragblatt	OS	0	0	vereinzelt	0	17	6,5	5	vereinzelt
	US	22,5	7	2	vereinzelt	24,5	12	10,5	6
petaloides oberes Tragblatt	OS	0	0	0	0	7	3	1	vereinzelt
	US	12	9	2		19	14	10	
Deckblatt	OS	0	0	0	0	median 4–5, sonst vereinzelt			
	US	median vereinzelt				median 5–6, sonst weniger			

seitige Wassergewebe allein hier aus einer größeren Zahl von Zellenlagen (nämlich je vier bis sechs gegenüber ein bis zwei) zusammensetzt, die ihrerseits auch aus höheren Zellen bestehen. Zugleich besitzt allein die Apikalregion ein chlorophyllreiches Assimilationsgewebe, wie schon der äußere Augenschein vermuten läßt. Basalwärts treten Chromoplasten, denen das Organ die Gelbfärbung verdankt, an die Stelle der Chloroplasten. In der postfloralen Phase scheinen sie zu ergrünen (vgl. RAUH, LEHMANN und MARNIER-LAPOSTOLLE 1973, S. 112).

Was nun zunächst die Epidermis angeht, so sind ihre Zellen – bei aller unleugbaren Ähnlichkeit mit denen der Laubblätter – stärker längs gestreckt, besonders im distalen Bereich, die antiklinen und die inneren Wände sind, vor allem an der Oberseite, dünner als beim Laubblatt, und die Verholzung der Innenwände erreicht geringere Grade als dort. Die Kieselkörper als charakteristischstes Inventar der Bromeliaceen-Epidermiszellen sind kleiner (2–4 µm gegenüber 5 µm).

Über die „Sonderbildungen" der Epidermis informiert Tabelle 4. Hinsichtlich der Verteilung der Spaltöffnungen ergibt sich, daß auch hier (wie bei *Aechmea*) die Hochblätter im Gegensatz zu den Laubblättern einige oberseitige Stomata tragen. Die Dichte der *unterseitigen* Spaltöffnungen erreicht beim Hochblatt an der Spitze des Spreitenrudiments die höchsten Werte innerhalb der ganzen Blattfolge (für *Aechmea* würde dasselbe gelten, läge nicht das Hauptmaximum an der Unterseite der *Laubblatt*spitze). Die Schließzellen sind übrigens beim petaloiden Tragblatt mit 25 µm nur wenig kürzer als beim Laubblatt (28 µm).

Auch die Dichte der Schuppenhaare erreicht an der Unterseite der Hochblattspitze besonders hohe Werte. Anders als bei den Laubblättern ist an der Spreitenbasis der Hypsophylle kein Minimum zu bemerken, die Dichte geht vielmehr bis zur Scheidenbasis ± kontinuierlich zurück. Verglichen mit den Saugschuppen der Laubblätter stellen diejenigen der Hochblätter Hemmungsformen von teilweise bizarrer Gestalt dar (Abb. 13 IV, V). Diejenigen der Hochblattspreite (VI) stimmen jedoch noch annäherungsweise mit denen der Laubblattspreite überein.

Die Zellen des hypodermalen Festigungsgewebes sind beim Hochblatt weitlumiger, ihre Wände jedoch im allgemeinen weniger verstärkt als beim Laubblatt (Abb. 13 I–III). Nur an der Unterseite der Hochblattscheide (I) besteht diese Zellenlage (wie bei der Scheide des Laubblattes) aus zwei Lagen von Zellen mit dickeren, deutlich getüpfelten Wänden. Das anschließende Wassergewebe stellt in der Spreite (mit Ausnahme der Spitze, s. o.) und im distalen Teil der Scheide nur eine Lage von Zellen von 25–40 µm Durchmesser dar. An der Basis der Scheide handelt es sich jedoch um ein

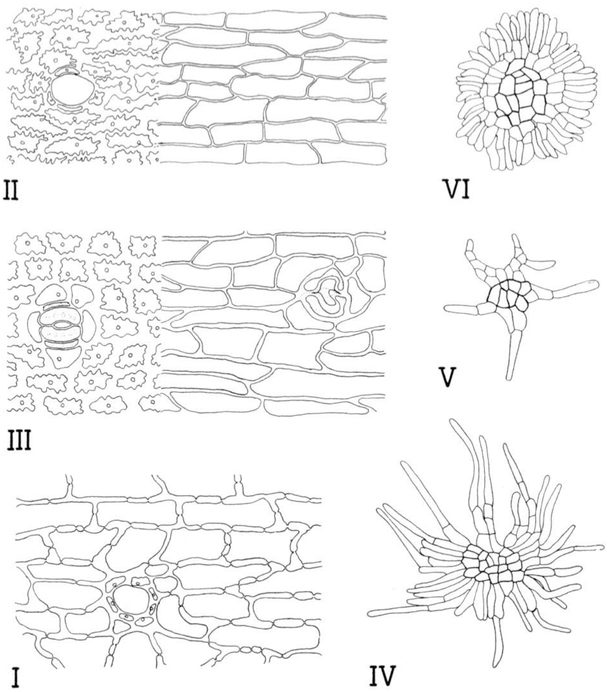

Abb. 13 *Nidularium billbergioides.* Hochblatt. I Flächenansicht der unterseitigen Hypodermis der Blattscheide im Bereich eines Schuppenhaares; II, III Flächenansicht der Epi- und der Hypodermis der Spreite (II an der Oberseite, in der Umgebung eines Schuppenhaares, III an der Unterseite, im Bereich von Spaltöffnungen); IV–VI Schuppenhaare von der Oberseite des Blattgrundes (IV), von der Unterseite des Blattgrundes (V) und von der Unterseite der Spreite (VI). Vergrößerung: I–III 210fach, IV 110fach, V und VI 130fach.

beiderseits mehrschichtiges Gewebe, das mehr als die Hälfte des Mesophylls ausmacht. In den Zellen des Wassergewebes kommen an der Scheidenunterseite vereinzelt gelbe Chromoplasten und in der Blattspitze gelegentlich Oxalatkristalle vor.

Kompaktes Chlorenchym gibt es nur an der Spitze des Hochblattes (s. o.); in den rückwärtigen Teilen nimmt das Aërenchym (mit gelben Chromoplasten) fast den ganzen Raum zwischen den Leitbündeln ein. Rhaphidenbündeln begegnet man hier ebenso oft wie beim Laubblatt, wogegen die anderen Oxalatformen schwächer vertreten sind.

Erscheinen die Leitbündel des Laubblattes im Querschnitt meist elliptisch (mit der großen Achse senkrecht zur Blattfläche), so zeigen diejenigen der Hypsophylle mehr rundlichen Umriß bei schwächerem Kaliber. Die Ligninreaktionen der umgebenden Sklerenchymelemente fallen wie beim

Laubblatt unterschiedlich aus, insgesamt aber schwächer, und die Wände sind weniger verdickt. Frei im Mesophyll verlaufende Sklerenchymstränge, schon bei den Laubblättern eine Seltenheit, fehlen bei den Hypsophyllen gänzlich.

3. *Guzmania minor* Mez

a. Morphologische Vorbemerkung

Obwohl zu den Tillandsioideen gehörig, sieht *Guzmania minor* dem zuletzt besprochenen *Nidularium* habituell sehr ähnlich: Auch hier erreichen die in der Rosette vereinigten Laubblätter eine Länge von 30 cm und gliedern sich in eine bis 4,5 cm breite, braun beschuppte Scheide und eine etwa 2,2 cm breite, spitz zulaufende Spreite, deren Rand aber keine Stacheln trägt. Die unteren Blätter an dem etwa 20 cm hohen Stengel sind nur noch 16 cm lang, wobei die Längenabnahme wieder vor allem auf Kosten der Spreite erfolgt ist. Diese Spreitenreduktion setzt sich mit steigender Insertionshöhe fort; die oberen Stengelblätter, nur noch einige Zentimeter lang, sind leuchtend rot gefärbt, schließen sich zu einer Art Hüllkelch zusammen und tragen größtenteils in ihren Achseln Partialinfloreszenzen. Die schmalen, häutigen, schuppenartigen Deckblätter der Einzelblüten des zur Verfügung stehenden Exemplars eigneten sich infolge Fäulnis nicht mehr zur anatomischen Untersuchung.

b. Anatomie des Laubblattes

Die Spreite mißt median etwa 200 μm in der Dicke, der Blattgrund bis zu 450 μm; nur *er* läuft marginal in einen Hautsaum aus. Auch in anderen Punkten stimmt der Grundaufbau des Blattes mit demjenigen der beiden zuvor besprochenen Arten überein.

Die Epidermiszellen der Spreite zeigen im Querschnitt ein rundliches, diejenigen der Scheide ein eher spaltförmiges Lumen; im übrigen sind diese Zellen etwa 100 μm lang und 20 μm breit. Die starken Wellungen der Mittellamellen der antiklinen Wände werden durch Sekundär- und Tertiärlamellen völlig eingeebnet; gelegentlich verschmelzen einander zugewandte Verdickungsschichten und trennen dann Teile des Lumens vom übrigen Zellraum ab (vgl. Linsbauer 1911, S. 323, Fig. 8 und 10, in Bezug auf *Cryptanthus Beuckeri* und *Billbergia thyrsoidea*). Cuticula und Außenwand sind dünn, um so stärker ist die Innenwand verdickt, besonders an der Oberseite der Scheide. An deren Unterseite sind die Epidermiszellen kürzer und ihre Wände im ganzen dünner; der Festigung dient hier vor allem die (wie nach Linsbauer auch sonst häufig) eng mit der Epidermis verzahnte Hyopdermis. In der Scheide sind die Innenwände der Epidermiszellen verholzt; besonders intensiv reagieren sie auf Phloroglucin/HCl an der Unterseite und in der Umgebung von Saugschuppen. Spitzenwärts läßt die Ligninreaktion nach, bis sie schließlich in der mittleren Spreite ganz ausbleibt.

Die Spaltöffnungsapparate, wie gewöhnlich bei Bromeliaceen vom tetrazytischen Typ, erheben sich ein wenig über das Niveau der übrigen Epidermis. Ebenso wie die Schließzellen, 34–36 µm lang und mit schwach verholzten Wänden (Mäule-Reaktion), enthalten auch die Nebenzellen Chloroplasten, ihre Außenwände sind etwas verdickt, die lateralen Kranzzellen besonders weitlumig (Abb. 14 I). Einzelne Stomata treten im distalen Scheidenbereich auch an der Oberseite auf.

Deutlicher als bei den im vorausgehenden besprochenen Bromelioideen sind bei *Guzmania minor* (und anderen Tillandsioideen!) die Trichomschuppen[4] in „Schild" und „Flügel" differenziert. Der (zentrale) Schild, an dessen Unterseite der bei der Spreite vier-, bei der Scheide drei- oder vierzellige Stiel ansetzt, besteht aus 4 + 8 Zellen mit stark verdickten Außenwänden, bei denen es sich um Cellulose und Pectin handelt (vgl. Wetzel 1924, S. 133). Die Peripherie nehmen bei der Spreite 30–40 Flügelzellen von etwa 25 µm Länge ein, beim Blattgrund hingegen 50–64 40 µm lange Flügelzellen mit dickeren Wänden, umgeben von einem breiten pectinhaltigen Saum (Abb. 14 IV–VI). Bezüglich der unterschiedlichen Schuppendichte an Ober- und Unterseite von Scheide und Spreite sei auf Tabelle 5 verwiesen.

Die Zellen der subepidermalen Schicht unterscheiden sich von den nach innen zu anschließenden Wasserzellen am ehesten durch ihre geringeren Dimensionen: in der Spreite Höhe und Breite 25 µm (in der Umgebung von Spaltöffnungen und Schuppenhaaren auch mehr), Länge 80–100 µm, in der Scheide im Querschnitt isodiametrisch (bei etwa 40 µm Durchmesser) oder etwas breiter als hoch. Nur an der Unterseite der Scheide sind die Wände der subepidermalen Zellenlage etwas verdickt, liefern aber auch hier keine Ligninreaktion (Abb. 14 II). Drei oder vier kleinere, bohnen- bis sichelförmige Zellen pflegen die inneren Atemhöhlen zu umgeben (Abb. 14 X). Niemals wiesen bei Laubblättern unseres Exemplars subepidermale Zellen Anthocyan auf.

An Ober- und Unterseite der Spreite besteht das Wassergewebe aus ein bis zwei Lagen isodiametrischer Zellen (oberseits von 60, unterseits von 40 µm Durchmesser), welche interzellularenfrei zusammenschließen; in der Blattspitze sind sie palisadenförmig gestreckt. In der Scheide handelt es sich an der Unterseite um zwei bis drei, an der Oberseite um drei bis vier Zell-

[4] Die Schuppenhaare von *Guzmania minor* hatte bereits Tietze (1906) in seine Untersuchungen einbezogen.

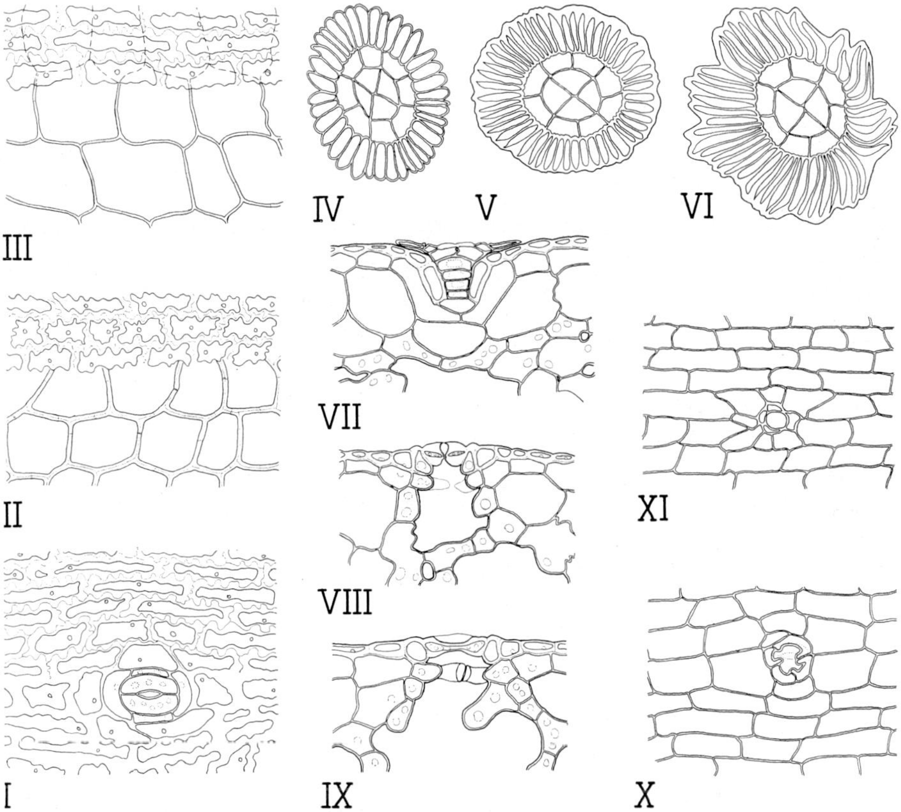

Abb. 14 *Guzmania minor*. Laubblatt. I Flächenansicht der unterseitigen Spreitenepidermis (Mittellamellen nur in der oberen Hälfte eingezeichnet); II, III Epi- und Hypodermis der Scheide (II Unter-, III Oberseite); IV–VI Saugschuppen von der Unterseite der Spreite (IV), von der Unterseite der Scheide (V) und von der Oberseite der Scheide (VI); VII Teil eines Querschnittes durch die Spreite mit einem Schuppenhaar; VIII, IX Spaltöffnungsapparat im Quer- (VIII) und im Längsschnitt (IX); X, XI Flächenansicht der unterseitigen Spreitenhypodermis im Bereich einer Spaltöffnung (X) und in der Umgebung einer Saugschuppe (XI). Vergrößerung: I–VII 210fach, VIII und IX 260fach, X und XI 130fach.

schichten. Einzelne Zellen enthalten langgestreckte Einzelkristalle von Calciumoxalat, vor allem in der Scheide auch Stärkekörner und andere Plastiden.

Das Assimilationsgewebe besteht aus ein bis zwei auf die Spreite beschränkten, über größeren Leitbündeln unterbrochenen Lagen kleiner, zum Teil palisadenförmiger, chloroplastenreicher Zellen (unter dem oberseitigen Wassergewebe) und dem chlorophyllärmeren Aërenchym, das praktisch den ganzen Raum zwischen den Leitbündeln ausfüllt. Allgemein nimmt der

Chlorophyllgehalt basalwärts ab; im proximalen Bereich sind fast nur noch Leukoplasten vorhanden.

Längs verlaufende Leitbündel verschiedenen Kalibers wechseln in scheinbar regelloser Folge miteinander ab, durch zahlreiche Queranastomosen miteinander verbunden. Sie unterscheiden sich auch hinsichtlich Menge und Anordnung der begleitenden Sklerenchymfasern. Im distalen Teil der Scheide sowie in der Spreite entfernen sich die besonders weitlumigen obersten Fasern des adaxialen Sklerenchymbelages einiger größerer Leitbündel von ihresgleichen und verlaufen schließlich zwischen Hypodermis und Wassergewebe (Abb. 15 I).

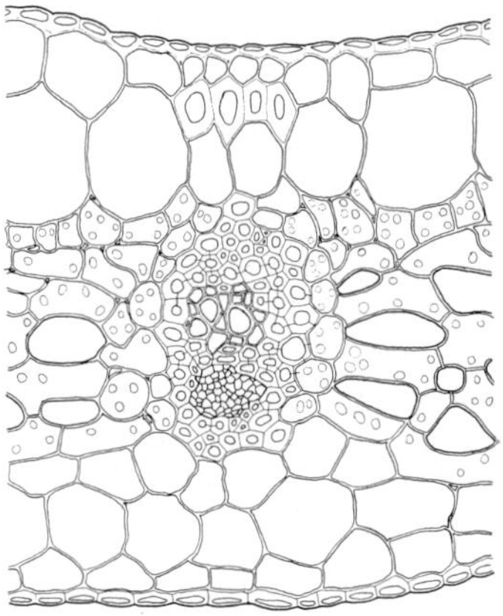
I

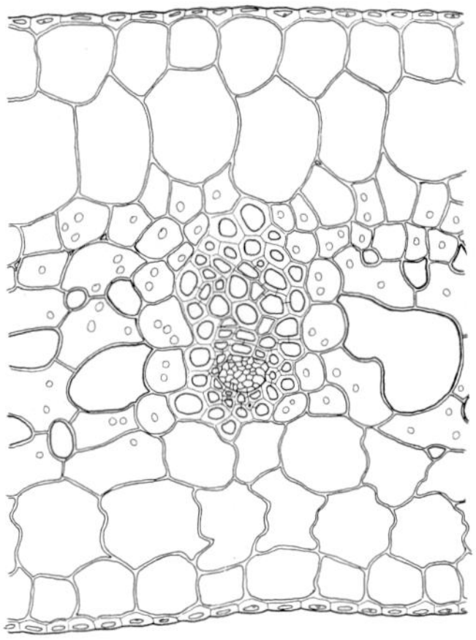
II

Abb. 15 *Guzmania minor*. Spreitenquerschnitte im Bereich eines Leitbündels. I Laubblatt, II Hochblatt. Vergrößerung 210fach.

c. Anatomie der Hochblätter

Die foliosen Hochblätter an der Basis des Infloreszenzschaftes entsprechen hinsichtlich der Gewebeverteilung den Laubblättern. Anders die höher inserierten petaloiden Hochblätter. Nahm bei den Laubblättern die Dicke von der Basis zur Spitze nahezu kontinuierlich ab (Abb. 16), so ist beim korollinischen Hypsophyll der distale Spreitenteil (wie bei *Nidularium billbergioides*) dicker als die übrige Spreite und die distale Scheidenregion dicker als die proximale (Abb. 17). Infolgedessen ist das Hochblatt an der Basis dünner als das Laubblatt (200 μm gegenüber 450 μm), an der Spitze jedoch dicker (400 μm gegenüber 200 μm). Diese Differenzen gehen wieder in erster Linie auf das Konto der unterschiedlichen Entwicklung der Wassergewebe, die beispielsweise im distalen Scheidenteil etwa ²/₃ des Mesophylls ausmachen.

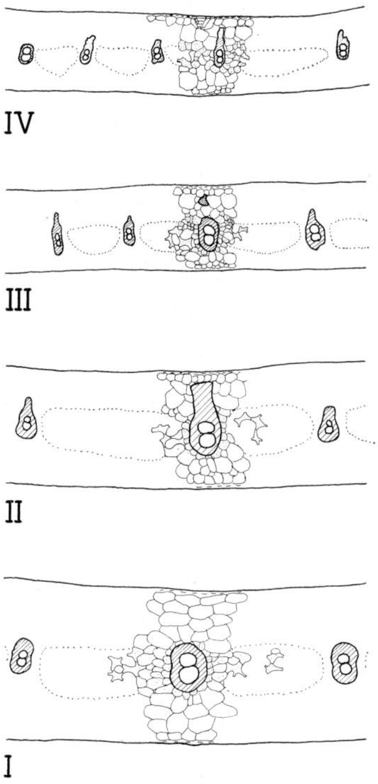

Abb. 16 Guzmania minor. Teile von Querschnitten durch ein Laubblatt (halbschematisch): I im proximalen, II im distalen Teil der Scheide, III im mittleren, IV im distalen Bereich der Spreite. Vergrößerung 50fach.

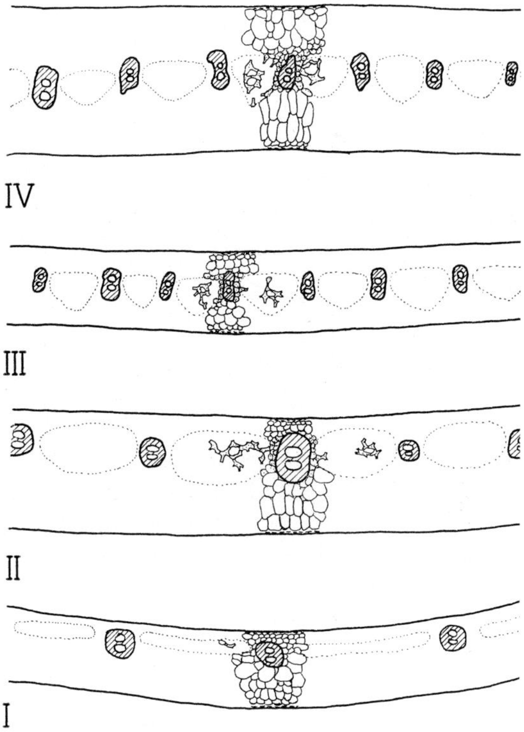

Abb. 17 *Guzmania minor.* Partielle Querschnitte (halb-schematisch) durch ein Hochblatt. I–IV wie in Abb. 16. Vergrößerung 50fach.

Im Blattgrund ist allein das unterseitige Wassergewebe von ansehnlicher Dicke (etwa $^1/_2$ des Mesophylls); im Zusammenhang hiermit sind die Leitbündel und das Aërenchym sozusagen an die Oberseite verlegt. Übrigens ist auch beim Hochblatt das Spreitenrudiment durch gerundete Ränder charakterisiert (Abb. 18 III).

Die Hochblatt-Epidermis unterscheidet sich nur in unbedeutenden Details von der Oberhaut des Laubblattes. Wie bei diesem sind z. B. nur im Scheidenbereich die Innenwände der unterseitigen Epidermiszellen stärker, die der oberseitigen schwächer verholzt, besonders in der Umgebung der Saugschuppen (Phloroglucin/HCl). Die Dichte der unterseitigen Spalt-

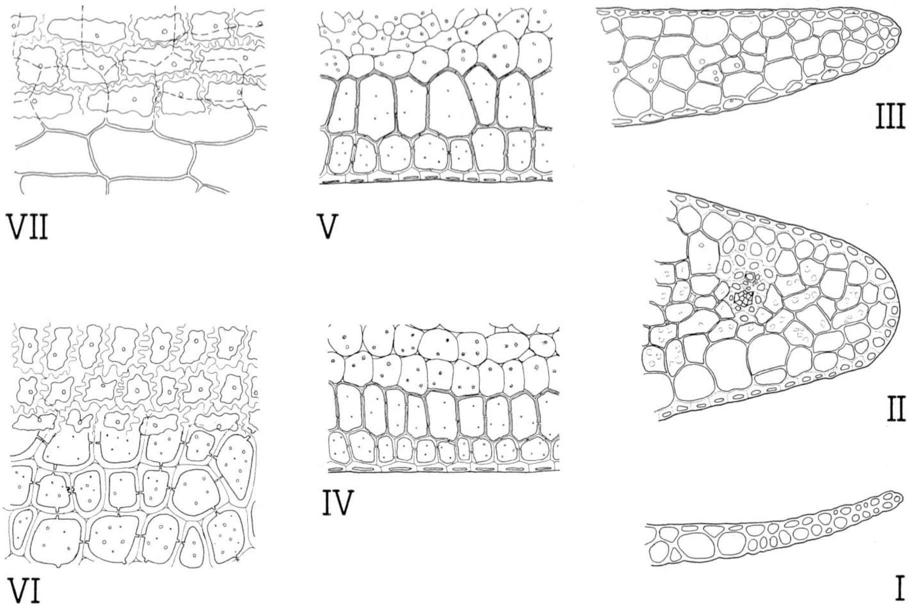

Abb. 18 *Guzmania minor.* I, II Querschnitte durch den Rand eines Laubblattes im Bereich der Scheide (I) und der Spreite (II); III Querschnitt durch den Rand eines Hochblattes in seiner laminaren Partie; IV, V Unterseite der Hochblattscheide im Längs- (IV) und im Querschnitt (V); VI, VII Flächenansicht der Epi- und der Hypodermis an der Unter- (VI) und an der Oberseite (VII) der Hochblattscheide. Vergrößerung: I 470fach, II, III, VI und VII 210fach, IV und V 130fach.

öffnungen ist bei den Schafthochblättern größer, bei den Tragblättern geringer als bei den Laubblättern (Tabelle 5). Die Schließzellen sind mit 32 bis 34 µm etwas kürzer. Stomata mit drei oder vier lateralen Nebenzellen (außer den zwei polaren) begegneten uns nicht gerade selten.

Die Saugschuppen der foliosen Hochblätter und der chlorophyllhaltigen Spitze der petaloiden Phyllome gleichen denjenigen der Laubblätter: Sie besitzen meist drei oder vier Stielzellen und 30–40 Flügelzellen von etwa 40 µm Länge – entsprechend der Formel 4 + 8 + 32 (Abb. 19 III). Die Schuppen der petaloiden Hochblätter, vor allem ihrer Scheiden, erreichen einen wesentlich größeren Durchmesser als die des Laubblattes, und zwar besonders dank den etwa 60–100 µm langen Flügelzellen (Formel 4 + 8 + 64), die dem Schuppenrand ein zerfranstes Aussehen geben. Ihr Stiel besteht nur aus drei Zellen, die dafür an der Unterseite um so stärker gestreckt sind (Abb. 19 I, II, IV, V). – An der Scheidenbasis ist der Schuppenbesatz bei den

Tabelle 5

Guzmania minor. Anzahl der Stomata und der Schuppenhaare pro mm² an Ober- (OS) und Unterseite (US) verschiedener Abschnitte von Laub- und Hochblättern (Mittelwerte aus je drei Probeflächen von je 2 mm²).

		Stomata				Schuppenhaare			
		dist. Viertel	2. Viertel	3. Viertel	prox. Viertel	dist. Viertel	2. Viertel	3. Viertel	prox. Viertel
Rosettenblatt	OS	0	0	1	0	10	7	27	43
	US	32	29	4	1	11	10	15	43
mittleres Schaft-	OS	0	0	1		12	12,5	1	
hochblatt	US	43	44	9		13	13	21	
oberes Schaft-	OS	0	0	0	0	9	10	7	1
hochblatt	US	44	30	5	0	18	16	19	8
petaloides	OS	0	0	0	0	12,5	9	7,5	vereinzelt
Tragblatt	US	23	20	0	0	11,5	10	19	9

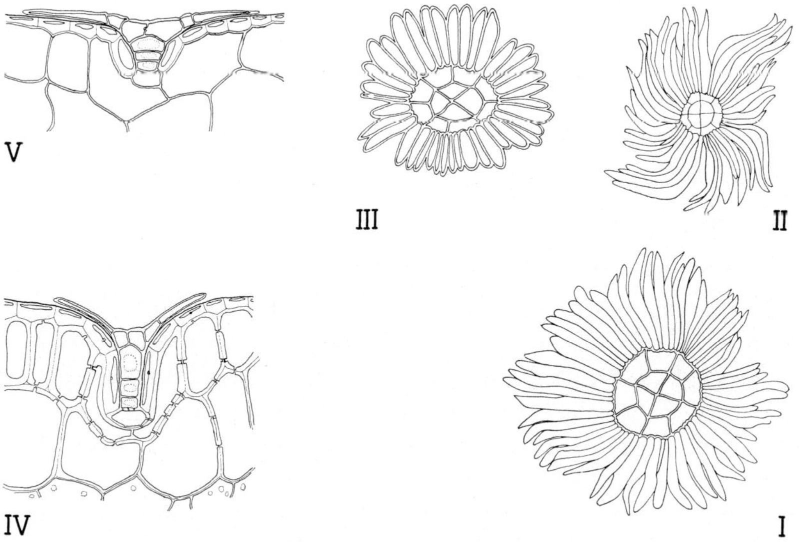

Abb. 19 *Guzmania minor.* Hochblätter. I–III Saugschuppen in Flächenansicht: I von der Unter- und II von der Oberseite der Scheide eines petaloiden Hochblattes, III von der Unterseite der Spreite eines foliosen Hochblattes; IV, V Saugschuppen in Blattquerschnitten: IV von der Unterseite der Scheide, V von der Oberseite der Spreite. Vergrößerung: II 130-fach, alle übrigen 210fach.

Hochblättern spärlicher als bei den Laubblättern (Tabelle 5); die übrigen Differenzen sind von untergeordneter Bedeutung.

Die Hypodermis der oberen Hypsophylle unterscheidet sich von derjenigen aller übrigen Phyllome durch ihren Anthocyangehalt, dem sie die auffällige Rotfärbung verdanken. Anders als beim Laubblatt besteht das hypodermale Festigungsgewebe an der Unterseite des distalen Scheidenteils aus *zwei* Zellenlagen; die Wände der äußeren Schicht sind stärker verdickt als die der einzigen beim Laubblatt; sie weisen zahlreiche Tüpfel auf und verleihen diesen Zellen im ganzen ein steinzellartiges Aussehen (Abb. 18 IV–VI).

Unter Hinweis auf die einleitenden Bemerkungen (S. 36 f.) und auf Abb. 15 II übergehen wir das Wassergewebe und wenden uns gleich dem Assimilationsgewebe zu. Dieses wird im Hochblattbereich zunehmend reduziert. Bedeutendere Chlorophyllmengen sind schließlich nur noch in der Blattspitze vorhanden. Sowohl das kleinzellige palisadenartige Gewebe als auch das Aërenchym ist ärmer an Chloroplasten als das entsprechende Gewebe des Laubblattes; an der Basis weist das Aërenchym nur noch einzelne farblose Plastiden auf. Auch Einzelkristalle und Rhaphidenbündel treten seltener als im Laubblatt in Erscheinung, letztere vorwiegend an den Blatträndern.

Die Leitbündel der Hypsophylle zeigen kaum Besonderheiten. Ihre Sklerenchymbeläge sind weniger umfangreich, ihre Zellwände dünner und auch schwächer verholzt. Adaxiale Sklerenchymfasergruppen, die den Leitbündelbereich verlassen, um sich zwischen oberseitiges Wassergewebe und Hypodermis einzuschieben, waren bei den Hochblättern *niemals* anzutreffen.

4. *Guzmania nicaraguensis* Mez et C. F. Baker

a. Morphologische Aspekte der Blattfolge

Auch *Guzmania nicaraguensis* ist eine Halbrosettenpflanze, die bezüglich des Habitus mit *G. minor* und *Nidularium billbergioides* weitgehend übereinstimmt (vgl. die Schilderung bei Rauh, Lehmann und Oeser 1970, S. 286). Größer scheinen auf den ersten Blick die Unterschiede gegenüber *Aechmea bracteata.* Um den Vergleich mit dieser Pflanze zu erleichtern, haben wir auch hier Scheide und Spreite der Blätter gemessen. Ist bei *Aechmea* und bei *Nidularium* der Spreitenrand mit Stacheln besetzt, so ist er bei den zwei *Guzmania*-Arten (und bei den zwei nachfolgend zu besprechenden *Vriesea*-Formen) ebenso glatt wie der Rand der Scheide. Dieser Umstand erschwert natürlich die Abgrenzung der beiden Hauptabschnitte des Blattes; sie stützt sich infolgedessen in erster Linie auf den Randverlauf (näherhin: auf eine bestimmte Einbuchtung des Blattrandes, in der auch der Übergang vom häutigen Scheidenrand zum massiveren Spreitenrand – entsprechend Abb. 18 I, II – erfolgt) und ist deshalb mit einem etwas größeren Unsicherheitsfaktor belastet.

Es zeigt sich, daß die meisten Rosettenblätter insgesamt etwa 30 cm lang sind, wovon etwa 5–6 cm auf die (ca. 3 cm breite) Scheide entfallen. Die Scheiden- und Spreitenlänge zeigt kein deutliches Maxium. Erst nahe dem Zentrum der Rosette nimmt die Länge drastisch ab, und zwar die der Scheide vom viertletzten und die der Spreite vom zweitletzten Rosettenblatt an.

Die nächste Gruppe stellen die Schafthochblätter dar. Mit *Aechmea* besteht insoweit Übereinstimmung, als, wenigstens vom zweiten oder dritten Stengelblatt ab, die Länge des – von hier an übrigens leuchtendrot gefärbten! – vaginalen Abschnitts von neuem zunimmt, während die (grüne) Spreite immer stärker zurücktritt und schließlich vollkommen fehlt. Da jedoch – anders als bei *Aechmea*, aber in Übereinstimmung mit *G. minor* – die untersten Stengelblätter noch eine ganz ansehnliche Spreite (rund 6 cm lang gegenüber 16 cm bei *G. minor* und knapp 2 cm bei *Aechmea*) besitzen, stellt nicht schon das unterste, sondern erst das siebente der zehn Schafthochblätter das kürzeste dar.

Abweichend von den zuvor besprochenen Arten stehen in den Achseln der oberen Stengelblätter nicht Partialinfloreszenzen, sondern Einzelblüten, so daß diese Phyllome nicht als Trag-, sondern als Deckblätter zu bezeichnen sind. Gleichwohl stimmen sie mit den Infloreszenzhochblättern von *Aechmea bracteata* darin überein, daß die Länge dieser nunmehr rein vaginalen roten Organe mit steigender Insertionshöhe wieder zurückgeht.

So ergibt sich bei aller habituellen Verschiedenartigkeit ein überraschend hohes Maß an fundamentaler Ähnlichkeit, und man fühlt sich angesichts des gleichartigen Wechsels von „Kontraktion" und „Expansion" unwillkürlich an Goethes „Versuch, die Metamorphose der Pflanzen zu erklären" erinnert. Sicherlich hatte Goethe (1790, § 115) bei „Zusammenziehung" und „Ausdehnung" weniger die Längen- als die Breitenentwicklung der Blattorgane im Sinne, und vor allem bezog er in seine Betrachtungen die Blüten mit ein, was auch wir hier noch kurz tun wollen: Von den zehn Infloreszenzhochblättern tragen nur die sieben unteren in der Achsel eine Blüte, deren gewiß rein vaginale Kelchblätter Längen zwischen 1,9 und 2,2 cm erreichen, wogegen die Kronblätter wieder bis auf 4,2–4,8 cm heranwachsen und somit – im Rahmen unserer Betrachtungen – eine dritte Expansionsphase darstellen.

b. Anatomie des Laubblattes

Als Vertreter der Laubblätter wurde das fünftinnerste der 16 Rosettenblätter anatomisch bearbeitet. Die Übereinstimmung mit *G. minor* geht so weit, daß wir uns hier im wesentlichen mit einem Hinweis auf Abb. 20 und 21 begnügen möchten. Hier wie dort ist das Laubblatt distal am dünnsten und proximal am dicksten. Daß die absoluten Werte (220 μm im distalen, 380 μm im proximalen Spreitenteil und 450 μm an der Scheidenbasis) im Spreitenbereich höher liegen als bei *G. minor*, mag Zufall sein. Wie gewöhnlich haben vor allem Wassergewebe und Aërenchym maßgeblichen Anteil an der Variation der Dicke innerhalb eines Blattes. – Das Anthocyan, das besonders längs der „Adern" an der Blattunterseite (vgl. Rauh, Lehmann und Oeser 1970, Farbbild 53) hervortritt, findet sich in einzelnen Zellen der ersten und zweiten subepidermalen Zellenlage. Nur am äußersten Blattrand bilden die anthocyanhaltigen Zellen eine geschlossene Schicht, die sich auch ein Stückweit auf die Oberseite erstreckt, und allein das marginale Leitbündel wird auch an seiner Oberseite von einem subepidermalen Anthocyanstreifen begleitet.

Die Stomata entsprechen wie üblich dem tetrazytischen Typ. – Besondere Erwähnung verdienen hingegen die ungewöhnlich vielzelligen Schuppenhaare. Das in Abb. 22 II wiedergegebene stammt von der Oberseite der Spreite und setzt sich „im Prinzip" (d. h. wenn man „überzählige" „tangentiale" Teilungen außer acht läßt) aus 4 + 8 + 17 + 31 + 54 + 119 Zellen

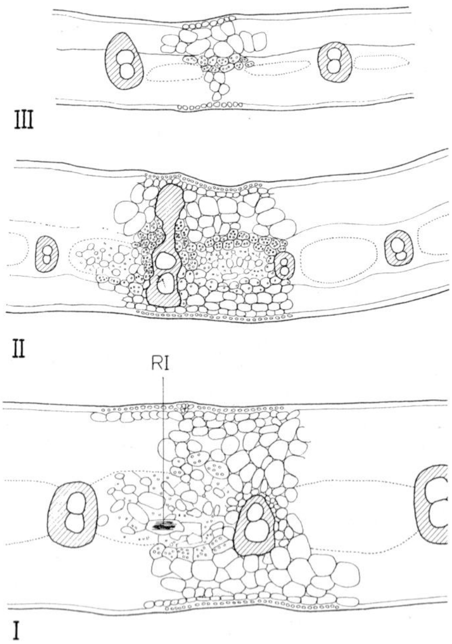

Abb. 20 *Guzmania nicaraguensis.* Partielle Querschnitte (halb-schematisch) durch ein Laubblatt: I an der Basis der Scheide, II im mittleren Spreitenteil, III im distalen Bereich der Spreite. RI = Rhaphiden-Idioblast. Vergrößerung 50fach.

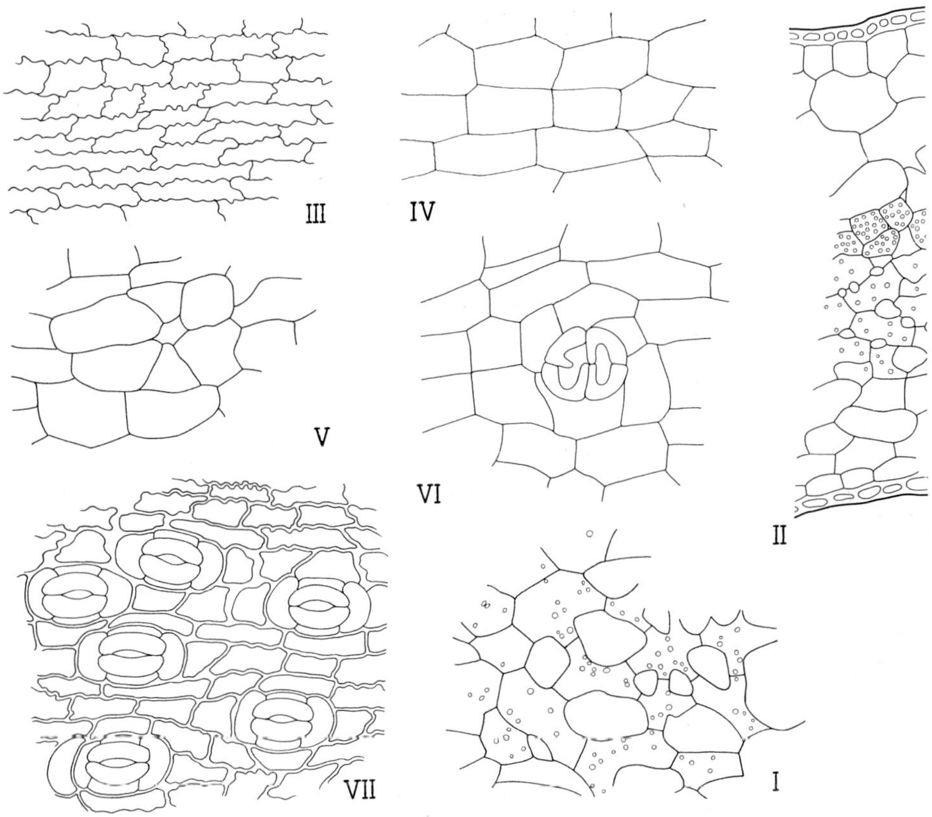

Abb. 21 *Guzmania nicaraguensis.* Fünftletztes Rosettenblatt. I Teil eines Querschnittes durch einen Aërenchymstrang im proximalen Bereich der Blattscheide; II partieller Querschnitt durch die Spreite; III–VII Flächenansichten von Hautgeweben im proximalen Spreitenteil: III oberseitige Epidermis, IV oberseitige Subepidermis, V, VI unterseitige Subepidermis auf der Höhe des Stieles eines Schuppenhaares (V) und im Bereich einer Spaltöffnung (VI), VII unterseitige Epidermis. Vergrößerung 210fach.

zusammen, d. h. mit seinen sechs Zellwirteln entspricht es der Idealformel 4 + 8 + 16 + 32 + 64 + 128. Weder TOMLINSON (1969, S. 206) noch sein Gewährsmann TIETZE (1906) hat bei einer *Guzmania*-Art oder überhaupt bei einer Tillandsioidee derart vielzellige Saugschuppen entdeckt; ebensowenig ist bei HARMS (1930, S. 76–80), der auch einen Überblick über die ältere einschlägige Literatur gibt, von dergleichen die Rede und auch nicht bei MOZINGO, KLEIN, ZEEVI und LEWIS (1970) oder bei BROWN (1972). Allein RAUH und Mitarbeiter bilden Vergleichbares ab, nämlich eine Schuppe von *Tillandsia tectorum* mit ebenfalls etwa 117 Flügel-

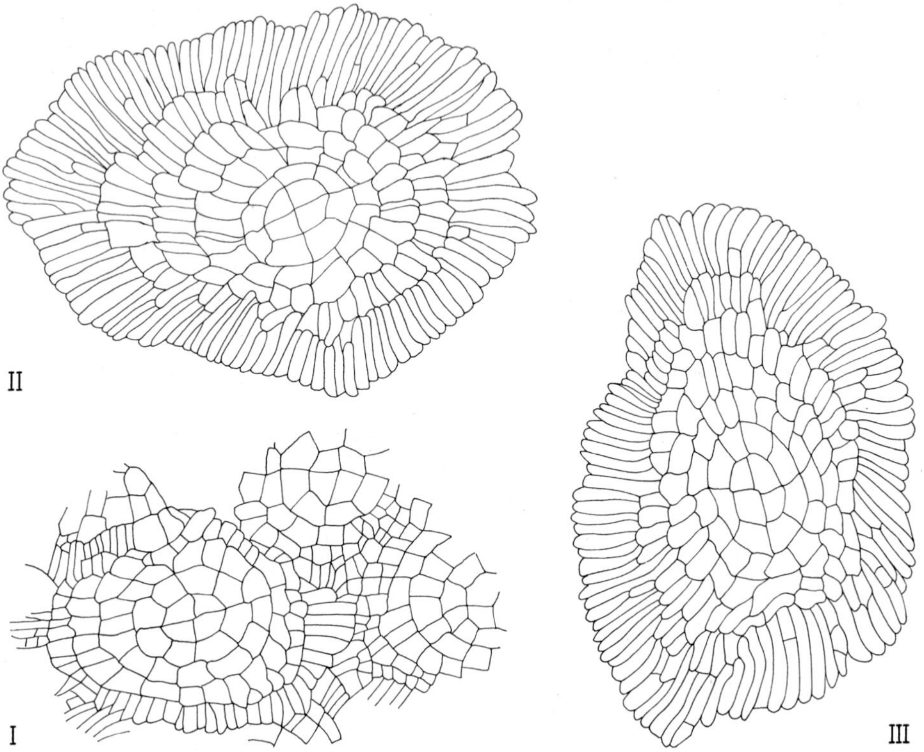

Abb. 22 *Guzmania nicaraguensis.* Schuppenhaare von der Oberseite des fünftinnersten Rosettenblattes. I Ausschnitt aus der nahezu geschlossenen Haardecke des proximalen Scheidenteiles; II, III einzelne Schuppenhaare aus dem distalen Bereich der Spreite. Vergrößerung 210fach.

zellen, aber nur drei Wirteln von 4, 8 und 16 Schildzellen (RAUH, LEHMANN und OESER 1970, Fig. 21, $_2$, S. 78) sowie eine Trichomschuppe von *Tillandsia Hildae,* deren Schild sich aus fünf Zellzyklen zusammensetzt, während der sechste allerdings nur aus etwa 76 Flügelzellen besteht (RAUH, SCHILL, EHLER und BARTHLOTT 1973, S. 108)[4a]. Angesichts eines solchen Fundes erscheinen

[4a] Wie uns Herr Professor RAUH nach Abschluß des Manuskripts freundlicherweise mitteilt, ist auch Frau Dr. N. EHLER bei *Guzmania*-Arten, welche *G. nicaraguensis* nahestehen, besonders vielzelligen Schuppenhaaren begegnet, und zwar u. a. bei *G. melinonis, G. sanguinea* und *G. berteroana.* Es handelt sich dabei jedoch um Haare, die der Formel 4 + 8 + 16 + 32 + 128 entsprechen, d. h. bei denen der 64er-Zyklus fehlt. In ihrer jüngst in dieser Schriftenreihe erschienenen Studie über Bromelien-Trichome bringt EHLER (1977) diese Befunde jedoch noch nicht zur Sprache.

die Betrachtungen über phylogenetische Zusammenhänge, wie sie TOMLINSON (1969, S. 207) im Anschluß an TIETZE anstellt, möglicherweise revisionsbedürftig.

An der Oberseite des Blattgrundes stehen die Schuppenhaare so dicht, daß jedes ringsum seine Nachbarn berührt und so mit seinesgleichen eine geschlossene Fläche bildet (Abb. 22 I). Der Schild besteht auch hier aus vier bis fünf Zellkreisen, die Flügelzellen sind jedoch nur dort gut und reichlich entwickelt, wo sie in die Zwickel des Haarmusters hineinragen.

Die Dichte der Schuppenhaare in den einzelnen Abschnitten des Laubblattes entspricht zwar in der Tendenz den Verhältnissen bei *G. minor* (vgl. die ersten Zeilen der Tabellen 5 und 6), aber in jedem einzelnen Abschnitt ist sie mindestens annähernd ebenso groß, meist jedoch größer als bei *G. minor* (während sich die Stomata-Dichte überall in der gleichen Größenordnung wie bei *G. minor* hält). Es erscheint uns deshalb angemessener anzunehmen, daß sich innerhalb einer Gattung teils stärker, teils weniger stark auf den Epiphytismus spezialisierte Arten entwickelt haben; über die phylogenetischen Beziehungen der verschiedenen Tillandsioideen-*Gattungen* zueinander scheint uns dagegen der Epiphytismus allein *keine* ausreichende Antwort zu geben.

c. Anatomie der Hochblätter

An Hochblättern wurden die beiden untersten Stengelblätter sowie die drei untersten (petaloiden) Blütendeckblätter untersucht, und zwar das erste und das dritte Deckblatt an Schnitten in allen Richtungen, die drei übrigen Phyllome an Hand von Uhu-hart-Replicae nur im Hinblick auf die Epidermis.

Über die Verteilung von Spaltöffnungen und Saugschuppen gibt Tabelle 6 Aufschluß. Von den zuvor besprochenen Arten unterscheidet sich *G. nicaraguensis* dadurch, daß bei den Hochblättern *keine* oberseitigen Spaltöffnungen auftreten. Gemeinsamkeit mit *G. minor* besteht darin, daß bei Schafthochblättern an der Unterseite die Stomata-Dichte der Laubblätter übertroffen wird; ihre Maxima liegen indessen bei *G. minor* (wie bei *Aechmea* und *Nidularium*) mehr apikal, bei *G. nicaraguensis* aber eher im mittleren Blattabschnitt. Ein noch krasserer Unterschied betrifft die korollinischen oberen Hochblätter: Trugen sie bei *G. minor*, wenigstens in der distalen Hälfte, noch zahlreiche unterseitige Spaltöffnungen (unterste Zeile der Tabelle 5), so sind bei *G. nicaraguensis* die petaloiden Deckblätter nahezu astomatisch.

Die Schuppenhaare stehen bei den Schafthochblättern (wie schon bei den Laubblättern) von *G. nicaraguensis* enger als bei jeder der vorausgehen-

Tabelle 6

Guzmania nicaraguensis. Anzahl der Stomata und der Schuppenhaare pro mm² an Ober- (OS) und Unterseite (US) verschiedener Abschnitte von Laub- und Hochblättern (Mittelwerte aus je sechs Probeflächen von je 0,34 mm²).

		Stomata				Schuppenhaare			
		Spreite distal	Spreite proximal	Scheide distal	Scheide proximal	Spreite distal	Spreite proximal	Scheide distal	Scheide proximal
fünftletztes Rosettenblatt	OS	0	0	0	0	17	15	28	59
	US	38	22	11	0	18	22	23	39
1. Schafthochblatt	OS	0	0	0	0	23	19	15	25
	US	12	35	42	8	33	16	19	53
2. Schafthochblatt	OS	0	0	0	0	34	25	25	20
	US	26	47	47	4	33	23	23	47
2. petaloides Deckblatt	OS			0	0			5	
	US			vereinzelt	0			10	
3. petaloides Deckblatt	OS			0	0			3	
	US			vereinzelt	0			14	

den Arten; ihre Dichte verhält sich an der Unterseite sozusagen komplementär zu der der Stomata: Nahm bei den Laubblättern die Zahl der unterseitigen Haare pro Flächeneinheit spitzenwärts ab, die der Stomata aber zu, so weist bei den Schafthochblättern der mittlere Bereich das Minimum der Haardichte und das Maximum der Spaltöffnungsdichte auf[5]. Diese Beobachtung, die sich in so konsequenter Form bei keinem zweiten der von uns bearbeiteten Objekte wiederholt, erinnert natürlich lebhaft an die auf die Schuppenhaare von *Vriesea hieroglyphica* bezügliche Äußerung von Bünning und Sagromsky (1948, S. 208), „daß sich solche Emergenzen durchaus in das von den Spaltöffnungen gebildete Muster einfügen können. Man darf also wohl annehmen, daß Spaltöffnungen, Haare usw. von zunächst gleichwertigen Initialen ausgehen . . .“ Freilich läßt sich das Epidermis-Muster von *Vriesea hieroglyphica* (l. c., Fig. 11) auch noch in einem anderen Sinne interpretieren (vgl. Napp-Zinn 1951), doch ist hier nicht der Ort, auf diesen Problemkreis näher einzugehen, zumal sich neue diesbezügliche Untersuchungen noch in Gang befinden[6]. Nur auf einen die Schuppen betreffenden Punkt sei noch kurz hingewiesen: Die einzelnen Schuppenhaare sind zwar auch noch bei den Hochblättern recht ansehnlich, aber doch erheblich kleiner als die ungewöhnlich großen Saugschuppen der Laubblätter (Abb. 23 IV). In dieser Hinsicht liegen die Dinge also gerade umgekehrt wie bei *G. minor*. Besonders eigentümlich sind die geknieten Flügelzellen.

Was sodann die „gewöhnlichen“ Epidermiszellen betrifft, so fällt auf den ersten Blick ins Auge, daß sich ober- und unterseitige in Größe und Wandbeschaffenheit sehr viel stärker unterscheiden als beim Laubblatt (Abb. 23 III, V): Die oberseitigen sind etwa doppelt so groß wie die unterseitigen, und erstere sind etwa viermal, letztere etwa doppelt so groß wie die entsprechenden Epidermiszellen des Rosettenblattes (Tabelle 7).

[5] Durch Untersuchungen auch an solchen Stellen, an denen die Schuppenhaare mit der Rasierklinge entfernt worden waren, haben wir uns davon überzeugt, daß unter Schuppenhaaren keine Stomata verborgen sind, wie es nach Linsbauer (1911, S. 337 f.) bei *Quesnelia roseo-marginata* und einigen anderen Bromeliaceen der Fall ist.

[6] Übrigens haben sich auch Hedlund (1901), Krauss (1949) und Tomlinson (1969, S. 195) mit den Beziehungen zwischen Spaltöffnungen und Schuppenhaaren bei Bromeliaceen auseinandergesetzt. Wie sehr der Feststellung von Tomlinson (l.c.) „The relationship between stomata and scales needs much further investigaton“ zuzustimmen ist, dürfte sich auch an anderen Stellen der vorliegenden Abhandlung zeigen.

Tabelle 7

Guzmania nicaraguensis. Anzahl der „gewöhnlichen" Epidermiszellen pro mm² an Ober- (OS) und Unterseite (US) von Spreite und Scheide verschiedener Blattorgane. Die Mittelwerte basieren auf der Auswertung der jeweils in Klammern angegebenen Zahl von Probeflächen (von je 0,01 mm² bei den Rosettenblättern bzw. von je 0,0857 mm² bei den Deckblättern). Auf ein Schuppenhaar entfallen zwischen 45 (Scheidenoberseite der Laubblätter) und 180 gewöhnliche Epidermiszellen (Spreitenunterseite der Laubblätter), bei den Deckblättern beiderseits etwa je 100.

		Spreite	Scheide
13.-innerstes Rosettenblatt	OS	1497 (16)	1969 (16)
	US	1830 (15)	2057 (15)
zehntinnerstes Rosettenblatt	OS	2080 (15)	1847 (15)
	US	1853 (15)	
2. (petaloides) Deckblatt	OS		481 (10)
	US		920 (6)
3. (petaloides) Deckblatt	OS		401 (12)
	US		854 (12)

Bei den unterseitigen Epidermiszellen sind die Zellwände recht dick, bei den oberseitigen jedoch ausgesprochen dünn (wogegen bei Laubblättern die beiderseitigen Epidermiszellen Wände von mittlerer Stärke besitzen). Bei denen der Unterseite erscheinen deshalb auch die Wellungen der antiklinen Wände durch sekundäre und tertiäre Wandlamellen gemildert, bei denen der Oberseite dagegen in der Regel nicht. Nur im Bereich der Nerven, insbesondere des Medianus, sind auch an der Oberseite die antiklinen Wände kaum unduliert; zugleich handelt es sich hier um die einzigen Streifen der oberseitigen Epidermis ohne nennenswerte Störung der reihenförmigen Anordnung der Zellen (Abb. 23 III, V).

Auf beiden Blattseiten stellen – beim Laub- wie beim Hochblatt – die subepidermalen Zellen ein dünnwandiges Wassergewebe dar. Soweit Stengelblätter rot gefärbt erscheinen, ist Anthocyan stets in der ersten, bei den untersten Stengelblättern manchmal außerdem in der zweiten subepidermalen Zellenlage der Unterseite lokalisiert. Die Leitbündel der Hochblätter sind ebenso wie ihre sklerenchymatischen Begleitgewebe von geringerem Kaliber als die der Laubblätter. Auch die übrigen Gewebe der Hochblätter bieten uns wenig Neues.

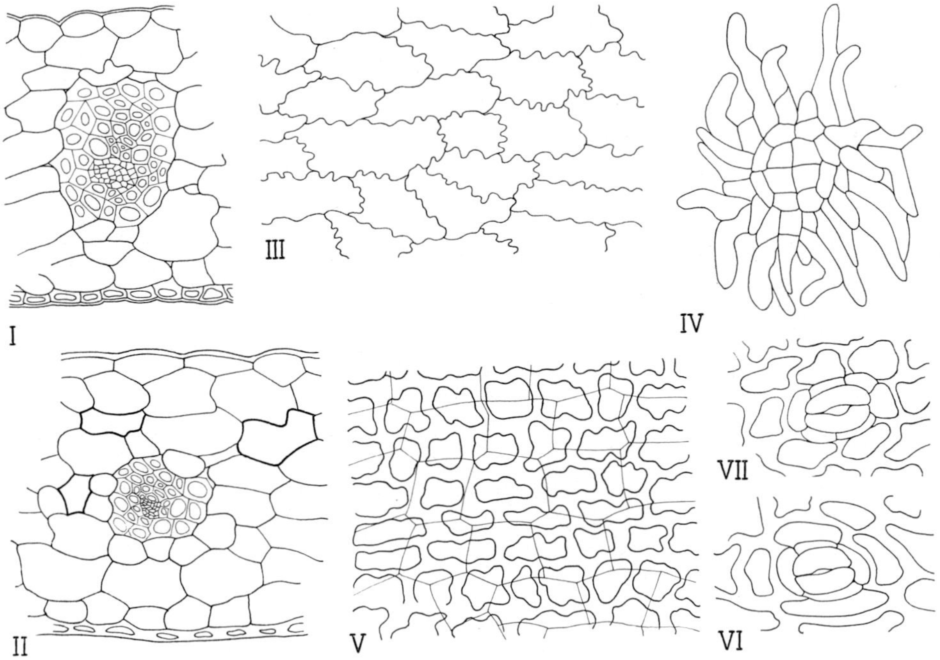

Abb. 23 *Guzmania nicaraguensis.* Anatomische Details der drei ersten Deckblätter. I, II Querschnitte durch das dritte bzw. das erste Deckblatt im Bereich eines kräftigen (I) bzw. eines schwachen Leitbündels (II; Interzellularen durch stärkere Umrandung hervorgehoben); III–VII Flächenansichten: III adaxiale Epidermis des zweiten Deckblattes, IV Schuppenhaar von der Oberseite des ersten Deckblattes, V abaxiale Epidermis (dickwandig) und Hypodermis (zartwandig) des ersten Deckblattes, VI, VII Spaltöffnungsapparate an der Unterseite des ersten Deckblattes. Vergrößerung 210fach.

d. Anatomie der Kelch- und Kronblätter

Bei *Guzmania nicaraguensis* (und den beiden nachfolgenden Objekten) haben wir auch Organe der Blütenhülle in den Vergleich mit einbezogen. Dabei zeigt sich, daß manche Tendenzen, die sich bereits in der Hochblattregion ankündigen, zunächst einmal bei dem (in seinem proximalen Sechstel oder Fünftel gamosepalen) Kelch ihre Fortsetzung finden: Verglichen mit dem Deckblatt, tragen die Sepalen an ihrer Oberseite noch größere dünnwandige, an ihrer Unterseite noch kleinere Epidermiszellen mit noch dickeren Innenwänden (Abb. 24). Saugschuppen und Spaltöffnungen fehlen nun gänzlich, selbst an der Spitze, auf deren Mesophyll sich nunmehr die Rhaphidenbündel beschränken, die sich bei den vorausgehenden Phyllomen allgemeiner und weitester Verbreitung erfreuten. Andererseits werden diese Reduktions-

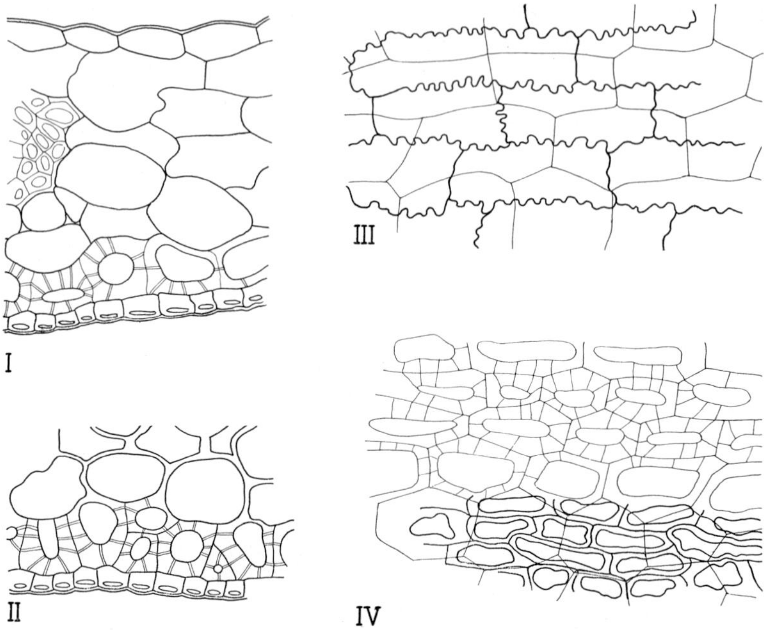

Abb. 24 *Guzmania nicaraguensis.* Anatomische Einzelheiten eines Kelchblattes der ersten Blüte. I, II Teile von Querschnitten; III, IV Flächenansichten der ober- (III) und der unterseitigen Epi- und Hypodermis (IV). In III und IV ist die Epidermis jeweils durch kräftigere, die Hypodermis durch dünnere Linien wiedergegeben. Vergrößerung 210fach.

erscheinungen durch eine neue Errungenschaft kompensiert, nach der man bei den bisher besprochenen Organen vergeblich gesucht hätte: eine sklerenchymatische Hypodermis, die sich aus steinzellartigen Zellen zusammensetzt, an der Unterseite (Abb. 24 I, II, IV). Im übrigen besteht das Mesophyll wie schon beim Deckblatt aus wenigen Lagen relativ großer, bleicher Zellen.

Auch die in ihren proximalen drei Vierteln gamophyll vereinten Petalen weisen eine Anzahl Besonderheiten auf: Die Cuticulae, insbesondere die adaxiale, tragen zahlreiche feine Riefen, und Rhaphidenbündel sind wieder in größerer Zahl vorhanden. Wie der Querschnitt weiter lehrt, beruht die Gamopetalie nicht so sehr auf der Verwachsung der Ränder zweier benachbarter Kronblätter miteinander, sondern vor allem auf der Fusion der lateralen Oberseite beider Petalen mit dem Filament eines Staubblattes. Die Frage nach der kon- oder postgenitalen Verwachsung (vgl. z. B. Endress 1975) ist hier wohl im Sinne der zweiten Alternative zu beantworten. Die Verwachsungszone selbst springt als eine extrem dicke Wandpartie ins Auge, in der man kaum noch die Lumina der weitgehend obliterierten Epidermen, wohl aber streckenweise die verzahnten Cuticulae erkennt. Auch die äußere Epidermis ist dickwandig, aber an die Stelle der abaxialen Hypodermis ist hier wieder ein zartwandiges Gewebe getreten. Spaltöffnungen, Schuppenhaare und Chlorenchym fehlen auch bei den Petalen.

5. *Vriesea* × *„Rodriguez"*

a. Morphologische Vorbemerkung

Die *Vriesea*-Hybride *„Rodriguez"* ist eine kleine, wie die vorausgehenden Arten wassersammelnde Rosettenpflanze; sie trägt etwa zwei Dutzend glattrandiger, rinnig gebogener, bis zu 18 cm langer, deutlich in Scheide und Spreite gegliederter Laubblätter. Die dunkelgrüne, dünne, linealische, bis 2,5 cm breite Spreite läuft in eine Spitze aus. Die Scheide, welche mit ihresgleichen die Zisterne bildet, ist bis zu 4 cm breit, oval, dunkelviolett gefärbt und median merklich dicker als randwärts.

Der aufrechte Schaft, etwa 20 cm lang, trägt einen lockeren, rispigen Blütenstand. Die stengelumfassenden Hochblätter sind viel kleiner als die Laubblätter, die vier untersten folios, etwa 3,5 cm lang und eiförmig-lanzettlich, die oberen zunächst rötlich, im Infloreszenzbereich gelb. Die schuppenförmigen, schwach gekielten, 1,5 bis 2 cm langen und 1 cm breiten Trag- und Deckblätter, gleichfalls gelb wie auch die Sepalen, laufen zum Rande hin in einen breiten Hautsaum aus. Auch bei dieser *Vriesea*-Hybride nimmt der Spreitenanteil innerhalb der Blattfolge ständig ab; ebenso hat der Blattgrund hier nur ein Längenmaximum, und zwar gleichfalls im Bereich der Rosette.

b. Anatomie des Laubblattes

Die Dicke des Laubblattes in der Medianregion nimmt von der Basis zur Spitze ab, etwa von 550 µm auf 300 µm, wieder im wesentlichen verknüpft mit entsprechenden Variationen in der Mächtigkeit der Wassergewebe (Abb. 25). Eine analoge Dickenreduktion erfolgt randwärts. Der Spreitenrand mißt immerhin noch 150 µm; er läßt im Querschnitt – anders als in den vorausgehenden Fällen – bevorzugte marginale und submarginale Zellen erkennen. Im Gegensatz zur übrigen Spreite wird ihr Rand basalwärts dünner und geht bei der Scheide in den gewohnten Hautsaum über.

Die Epidermiszellen der Spreite messen etwa 60 µm in der Länge, 15 µm in der Breite und 10 µm in der Höhe. Die Oberhautzellen der Scheide sind oberseits schmaler und länger als unterseits, die stärkere Wellung ihrer Wände (verglichen mit denen der Spreite) wird durch Sekundärlamellen von variabler Dicke – wie bei *Guzmania minor* – eingeebnet. Wie üblich sind die (vorgewölbten) Außenwände und die Cuticula dünn; letztere wirkt durch

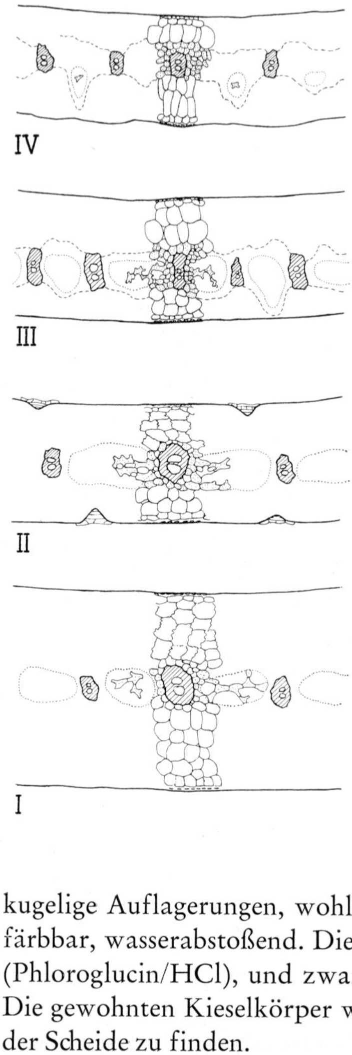

Abb. 25 *Vriesea* × *„Rodriguez"*. Teile von Querschnitten durch ein Laubblatt: I durch den proximalen, II durch den distalen Bereich der Scheide, III durch den proximalen, IV durch den distalen Teil der Spreite. Vergrößerung 50fach.

kugelige Auflagerungen, wohl Wachsabscheidungen, da durch Sudan III anfärbbar, wasserabstoßend. Die Innenwände sind nur bei der Scheide verholzt (Phloroglucin/HCl), und zwar die unterseitigen stärker als die oberseitigen. Die gewohnten Kieselkörper waren nur in den unterseitigen Epidermiszellen der Scheide zu finden.

Die Stomata beschränken sich fast ganz auf die Interkostalstreifen der Unterseite; die Schließzellen (etwa 35 µm lang) und die Nebenzellen schließen nach außen mit der Blattoberfläche glatt ab, die Cuticula greift auf ihre Innenwände über, soweit sie die Atemhöhlen begrenzen.

Die Schuppenhaare (Abb. 26 I–V) entsprechen erwartungsgemäß dem Tillandsioideentypus und gleichen denjenigen von *Guzmania* mit der Einschränkung, daß die Außenwände des zentralen Scheibenteiles noch stärker verdickt und bei Schuppen der Scheidenoberseite (Abb. 26 I) die Flügelzellen von einem breiten pectinhaltigen Saum umgeben sind. An der Blatt-

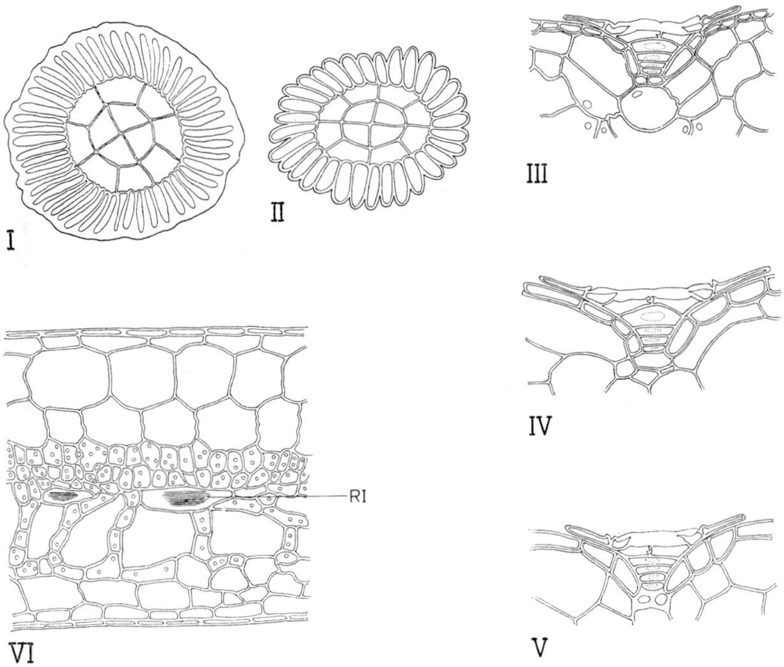

Abb. 26 *Vriesea* × *„Rodriguez"*. Laubblatt. I, II Saugschuppen von der Oberseite der Scheide (I) und der Spreite (II) in Flächenansicht; III Saugschuppe von der Spreitenunterseite in einem Blattquerschnitt; IV, V Saugschuppen von der Spreitenoberseite in Blattlängsschnitten (V weiter distal als IV); VI Längsschnitt durch die Spreite zwischen zwei Leitbündeln. RI = Rhaphidenidioblast. Vergrößerung: I–V 210fach, VI 130fach.

spitze sind häufig die Wände der Fußzellen ungewöhnlich stark verdickt (Abb. 26 V). Meist sind vier, an der Blattbasis öfters auch nur drei Stielzellen vorhanden. Die Dichte der Schuppen erreicht ihr Maximum wieder an der Scheidenbasis (Tabelle 8).

Die subepidermale Zellenlage trägt nur an der Unterseite der Scheide den Charakter eines Festigungsgewebes; an allen anderen Stellen sind ihre Zellen dünnwandig (Abb. 26 VI, 27). Die inneren Atemhöhlen werden von je zwei oder drei dieser Zellen ringförmig umgeben (Abb. 27 IV). Das Wassergewebe macht distal beiderseits je ein bis zwei, proximal beiderseits je vier Zellschichten (abgesehen von der subepidermalen) aus und entspricht – wie bei Bromeliaceen üblich – dem Faltungstyp. Einzelheiten der Zelldimensionen sind den Übersichtsbildern (Abb. 25) zu entnehmen.

Das Assimilationsgewebe gleicht in allen wesentlichen Punkten demjenigen von *Guzmania*. Am Rande des Aërenchyms, das in den Interkostal-

Tabelle 8

Vriesea × *„Rodriguez“*. Anzahl der Stomata und der Schuppenhaare pro mm² an Ober- (OS) und Unterseite (US) verschiedener Abschnitte von Laubblättern, Hypsophyllen und Sepalen (Mittelwerte von je ein bis drei Probeflächen von je 2 mm²).

		Stomata				Schuppenhaare			
		Spreite distal	Spreite proximal	Scheide distal	Scheide proximal	Spreite distal	Spreite proximal	Scheide distal	Scheide proximal
Rosettenblatt	OS	0	0	vereinzelt	0	19	7	19	32
	US	31,5	22,5	2	1	25	13,5	27	49
mittleres Schafthochblatt	OS	0		0	0	40		37,5	16
	US	49		77	10,5	52		51,5	12,5
oberes Schafthochblatt	OS	0		0	0	36,5		10,5	16
	US	47,5		23,5	0	46,5		12,5	0
gelbes Tragblatt	OS	0		0	0	17,5		20	17,5
	US	34		10	0	vereinzelt		0	0
gelbes Deckblatt	OS	0		0	0	20		19	13,5
	US	5		0	0	0		0	0
Sepalum	OS	0		0	0			4,5	
	US	0		0	0			0	

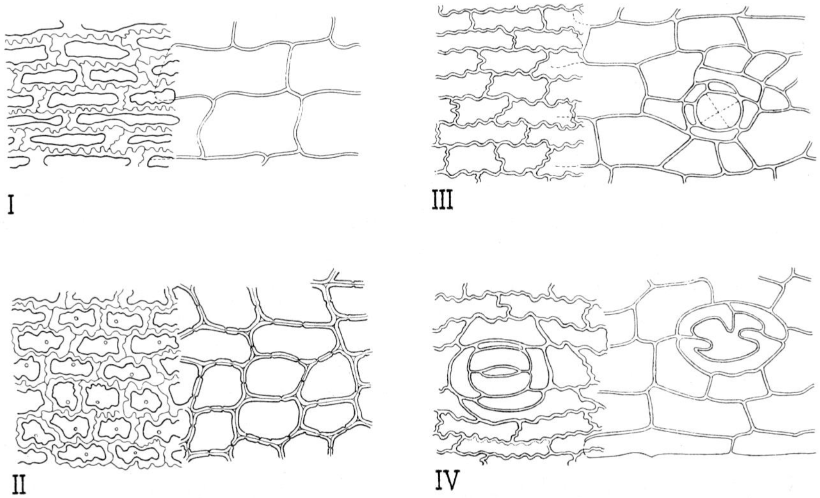

Abb. 27 *Vriesea* × *„Rodriguez“*. Laubblatt. Hautgewebe an der Ober- (I, III) und Unterseite (II, IV) der Scheide (I, II) und der Spreite (III, IV) in Flächenansicht. In jeder der vier Figuren ist die Epidermis links und die Hypodermis rechts wiedergegeben. Der in III dargestellte Hypodermisbereich umfaßt die Basis eines Schuppenhaares, der in IV abgebildete eine innere Atemhöhle. Vergrößerung 210fach.

streifen der Lamina bis an die Spaltöffnungen heranreicht, trifft man zahlreiche längsgerichtete Rhaphidenidioblasten (Abb. 26 VI) sowie einzelne Queranastomosen an. Das kompakte Chlorenchym (zwischen Aërenchym und oberseitigem Wassergewebe) beschränkt sich auf die Spreite.

Die Leitbündel haben, im Querschnitt betrachtet, in der Spreite einen mehr hoch-elliptischen, in der Scheide einen eher rundlichen Umriß; ihr sklerenchymatischer Anteil bietet im Hinblick auf Topographie und Lignifikation nichts wesentlich Neues. In der Spreite verlaufen Sklerenchymfasern gelegentlich – einzeln oder zu zweit – über oder unter Leitbündeln im Wassergewebe.

c. Anatomie der Hochblätter

Die unteren und mittleren Stengelblätter unterscheiden sich von den Trag- und Deckblättern so sehr, daß eine getrennte Besprechung zweckmäßig erscheint. Der Übergang erfolgt bei den oberen Schafthochblättern.

Untere und mittlere Schafthochblätter

Diese Stengelblätter sind distal flach ausgebreitet, basal dagegen – entsprechend der Krümmung des Schaftes – rinnenförmig gebogen. Proximal wölben sich die unterseitigen Blattgewebe zwischen den Leitbündeln nach außen vor. Die Blattspitze ist über 400, der Blattgrund nur noch etwa 200 µm dick. Auch hierbei spielt die Mächtigkeit des Wassergewebes, diesmal besonders des adaxialen, eine ausschlaggebende Rolle (Abb. 28).

Die oberseitigen Epidermiszellen sind (in Flächenansicht) distal etwa isodiametrisch, an der Blattbasis dagegen langgestreckt. An der Unterseite verhält es sich gerade umgekehrt. Die Wände der oberseitigen Epidermiszellen sind generell dünn, die der unterseitigen nur an der Blattbasis verdickt. Im Querschnitt zeigen die Epidermiszellen ein rundliches bis ellipsoidales Lumen, das sich deutlich von dem spaltförmigen der Laubblätter unterscheidet.

Die Oberseite dieser Blätter ist vollkommen frei von Spaltöffnungen; an der Unterseite der mittleren Schafthochblätter erreicht die Stomata-Dichte die höchsten Werte innerhalb der ganzen Blattfolge (Tabelle 8). Die Schließzellen sind bei einer mittleren Länge von 29 µm merklich kürzer als die der

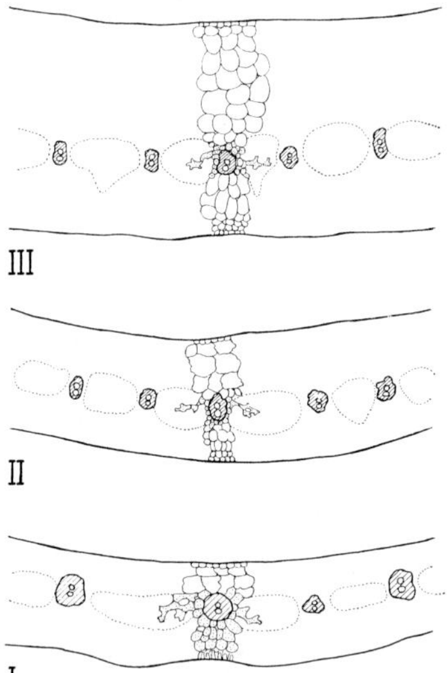

Abb. 28 *Vriesea × „Rodriguez“*. Partielle Querschnitte durch ein Schafthochblatt (halb-schematisch): I im Bereich der Scheide, II durch den mittleren Teil, III im distalen Abschnitt. Vergrößerung 50fach.

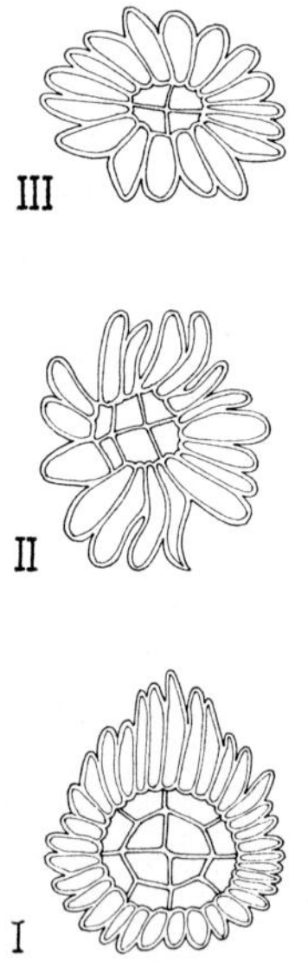

Abb. 29 *Vriesea × „Rodriguez“*. Saugschuppen von der Unterseite von Schafthochblättern in Flächenansicht: I von der Spreite eines foliosen Schafthochblattes, II und III aus dem proximalen Bereich eines petaloiden Schafthochblattes (stärker reduziert). Vergrößerung 210fach.

Laubblätter; die Vorhofleisten („Cuticularhörnchen") sind nach außen gebogen.

Auch die Dichte der Schuppenhaare erreicht auf der Spreite der foliosen Schafthochblätter höhere Werte als bei den Laubblättern, wogegen bei der Blattbasis die Werte bereits niedriger liegen als bei der Scheide des Laubblattes. Das einzelne Schuppenhaar gleicht in seinem Aufbau demjenigen der Laubblattspreite (Formel 4 + 8 + 32). Der Stiel besteht aus vier Aufnahmezellen; an der Blattunterseite sind die Flügelzellen häufig verkürzt oder nur an der akroskopen Seite verlängert (Abb. 29 I). Die Außenwände der zentralen Schildzellen sind merklich dünner als bei den Laubblättern.

Die subepidermale Zellenlage der foliosen Stengelblätter führt Anthocyan, und zwar unterseits mehr als oberseits. Im übrigen unterscheidet sich diese Zellschicht an der Oberseite kaum von dem nach innen anschließenden, proximal zwei-, distal fünfschichtigen oberseitigen Wassergewebe; nur distal sind ihre Zellwände ein wenig dicker als die der Wasserzellen. An der Unterseite hingegen handelt es sich bei der subepidermalen Zellenlage um ein hypodermales Festigungsgewebe, das sich aus etwa 25–65 µm langen und 20 µm breiten Zellen zusammensetzt, deren Wanddicke mit der Insertionshöhe zunimmt.

Ein chloroplastenreiches kleinzelliges Assimilationsgewebe trifft man nur noch in den foliosen Schafthochblättern an; bei den obersten Schafthochblättern beschränkt es sich auf die Spitzenregion.

Die Leitbündel entsprechen in ihrem Aufbau denen der Laubblätter, nur sind sie von geringerem Kaliber und rundlicherem Querschnitt. Auch hier vereinigen sich die Sklerenchymbeläge an den Flanken zu einer Art Scheide, die Zellwände sind aber dünner und schwächer verholzt als bei den Laubblättern.

Trag- und Deckblätter

Die oberen Hochblätter unterscheiden sich schon auf den ersten Blick nicht unerheblich von den tiefer inserierten: Ihr Querschnitt im mittleren und distalen Bereich erinnert an ein V; in dessen Scheitel fungieren oberseitige Wasserzellen als Entfaltungsgewebe. Die Basalregion ist viel sanfter gekrümmt und läßt ein spezielles Entfaltungsgewebe vermissen (Abb. 30).

Die oberseitigen Epidermiszellen sind relativ groß und dünnwandig, die unterseitigen kleiner (15 µm Durchmesser) und dickwandiger als bei irgendwelchen anderen hier besprochenen Phyllomen (Abb. 31). Phloroglucin/HCl färbt die Zellwände rot, das MÄULEsche Reagens dagegen gelb. Auch hier weisen nur die unterseitigen Epidermiszellen Kieselkörper auf, und zwar etwa von 5 µm Durchmesser.

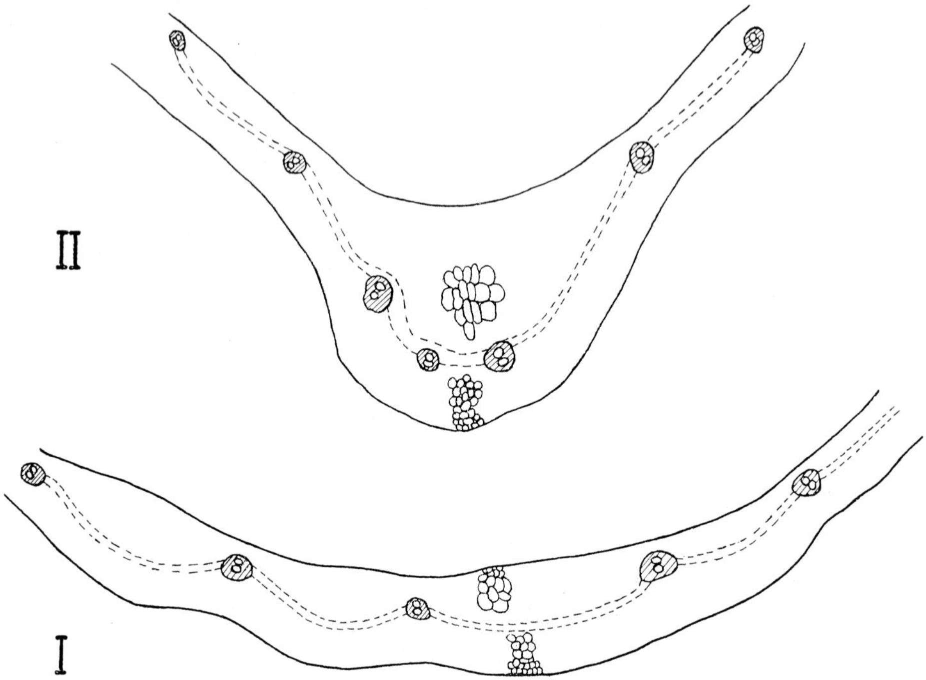

Abb. 30 *Vriesea* × *„Rodriguez"*. Teile von Querschnitten (halb-schematisch) durch den proximalen (I) und den distalen Bereich (II) eines Deckblattes. Vergrößerung 50fach.

Die Dichte der (auf die Unterseite beschränkten) Stomata wird mit zunehmender Insertionshöhe drastisch reduziert; bei den Deckblättern trifft man nur noch an der Spitze ein paar Spaltöffnungen an (Tabelle 8).

Auch die Zahl der Schuppenhaare pro Flächeneinheit ist – verglichen mit den Verhältnissen der vorausgehenden Blätter – merklich herabgesetzt; schon bei den oberen Schafthochblättern fehlen Saugschuppen an der Unterseite des Basalabschnittes; die Unterseite der Tragblätter weist nur noch an der Spitze einzelne Trichomschuppen auf, und bei den Deckblättern findet man sie nur noch an der Oberseite vor. In Flächenansicht erinnern diese oberseitigen Schuppen an die der Laubblattspreite; die Zahl der Stielzellen ist allerdings auf zwei oder drei reduziert. Die wenigen unterseitigen Schuppen an der Spitze des Tragblattes stellen Rudimente dar: Meist sind nur etwa 16 (statt 32) Flügelzellen vorhanden; der normalerweise achtzellige Kranz in der Peripherie des Schildes ist unvollständig oder fehlt ganz (vgl. Abb. 29 II, III), und die Außenwände der Schildzellen sind noch dünner als bei den foliosen Stengelblättern.

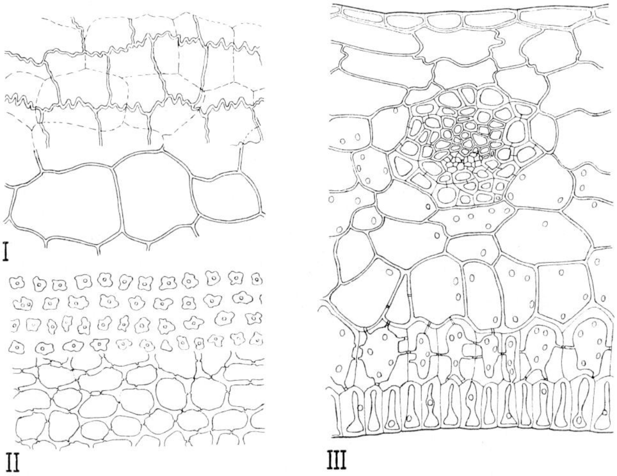

Abb. 31 *Vriesea* × *„Rodriguez"*. I, II Hautgewebe eines Tragblattes in Flächenansicht: I Oberseite, II Unterseite (bei beiden Figuren ist die Epidermis im oberen, die Hypodermis im unteren Teil dargestellt); III partieller Querschnitt durch ein Deckblatt. In II und III sind die Kieselkörper der unterseitigen Epidermiszellen als Kreise wiedergegeben, in III die Chromoplasten des abaxialen Mesophylls – einschließlich der Hypodermis – als Ellipsen. Vergrößerung: I und II 210fach, III 290fach.

Die subepidermale Zellenlage der Oberseite unterscheidet sich auch an der Spitze kaum noch von dem anschließenden Wassergewebe, wenn man von der Zellgröße einmal absieht; um so deutlicher hebt sich die *unterseitige* Subepidermis dank dem steinzellartigen Habitus ihrer ± isodiametrischen Zellen von dem benachbarten Gewebe ab. Anthocyan kommt bei den Trag- und Deckblättern (im Gegensatz zu den vorausgehenden Phyllomen) nicht mehr vor, statt dessen enthält die unterseitige Hypodermis gelbe Chromoplasten.

Das kleinzellige Chlorenchym, dem wir bei den Laubblättern und zuletzt bei den foliosen Hochblättern begegnet waren, sucht man bei den Trag- und Deckblättern vergeblich. Wohl aber persistiert das Aërenchym in Gestalt schmaler Gewebestreifen, die an Schwammparenchym erinnern, zwischen den Leitbündeln (Abb. 30 I) und enthält wie bei den übrigen Blättern viele Rhaphidenbündel. Ebenso wie das Aërenchym führen auch die übrigen parenchymatischen Anteile des Mesophylls gelbe Chromo- an Stelle von Chloroplasten.

Für die Leitbündel gilt im wesentlichen Ähnliches wie bei den foliosen Schafthochblättern; unvollständige sklerenchymatische Leitbündelscheidenfortsätze, wie sie bei den Laubblättern und teilweise auch noch bei den foliosen Hochblättern anzutreffen waren, vermißt man bei den Trag- und Deckblättern.

d. Anatomie der Sepalen

Der Querschnitt durch das Kelchblatt zeigt einen sichelförmigen Umriß; mehr als bei allen vorausgegangenen Blattorganen ist der Leitbündelbogen der adaxialen Seite genähert. In den meisten anderen Punkten lassen die Sepalen jedoch starke Anklänge an die Trag- und Deckblätter erkennen:

Die oberseitigen Epidermiszellen (Abb. 32 II) sind – wie schon bei *Guzmania nicaraguensis* – größer als die der Deckblätter. Wie aber der Vergleich der Abb. 25 I, 31 I und 32 II andeutet, nimmt die Größenkurve dieser Oberhautzellen im Hochblattbereich von *Vriesea* × *„Rodriguez"* einen unregelmäßigen Verlauf, den man etwa durch folgende Sequenz von Ungleichungen wiedergeben kann: Laubblätter > Schafthochblätter < Tragblätter > Deckblätter < Kelchblätter. Die antiklinen Wände der oberseitigen Epidermiszellen sind außerordentlich zart und weisen wie sonst nur bei Deckblättern enge Falten auf, die sich großenteils in Wandvorsprüngen fortsetzen. Nur im Bereich der Schuppenhaare treten an die Stelle der Falten sanfte Buchten.

Die Epidermiszellen der abaxialen Seite (Abb. 32 III) stellen in mancher Hinsicht genau das Gegenteil dar: Zwar sind auch sie größer als diejenigen der Deckblätter, die wiederum die kleinsten unterseitigen Epidermiszellen besitzen[7] (hierin unterscheidet sich unsere *Vriesea*-Hybride von *Guzmania nicaraguensis*); indessen sind sie doch (wie auch schon bei dieser *Guzmania*-Art) sehr viel kleiner als die oberseitigen. Im übrigen sind ihre antiklinen und inneren Zellwände stark verdickt, die antiklinen überdies gebuchtet.

Spaltöffnungen fehlen dem Kelchblatt (wie bei *G. nicaraguensis*) völlig und Schuppenhaare sind nur noch an der Unterseite in geringer Zahl und meist in ähnlich reduzierter Form wie beim Deckblatt vorhanden (Abb. 32 I), wogegen ja bei *G. nicaraguensis* an Sepalen überhaupt keine Trichomschuppen mehr vorkamen. Stellenweise, vor allem gegen die Spitze zu, treten aber dazwischen nun auch wieder größere Saugschuppen auf, welche selbst diejenigen der Laubblätter an Durchmesser und an Zellenzahl (4 + 8 + 16 + (32 bis 64); Abb. 32 II) erreichen oder gar übertreffen (über Unter-

[7] Als Anhaltspunkte mögen nachfolgende Werte dienen, die an kleinen Epidermisausschnitten ermittelt worden sind: Auf 1 mm^2 dürften bei Tragblättern rund 6000, bei Deckblättern bis über 8000, bei Kelchblättern aber nur noch zwischen 1700 und 3000 unterseitige Epidermiszellen entfallen.

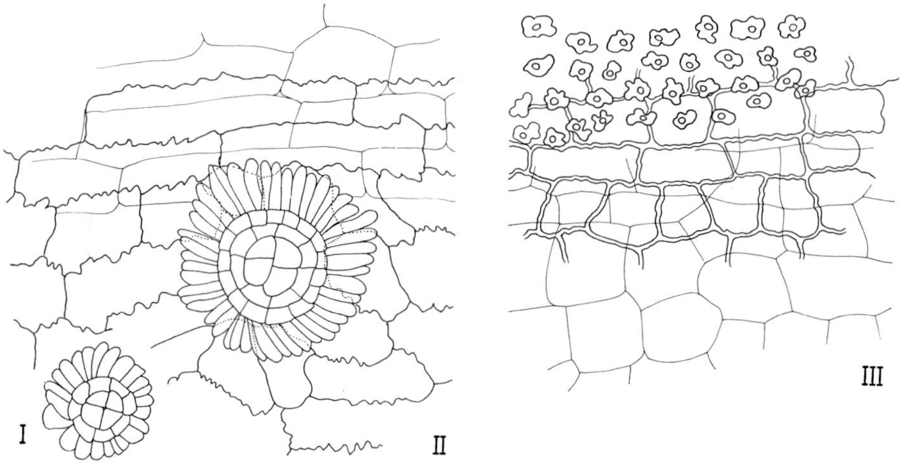

Abb. 32 *Vriesea* × *„Rodriguez"*. Kelchblatt. I relativ kleines Schuppenhaar von der Oberseite; II Ausschnitt aus der oberseitigen Epidermis mit einem besonders großen Schuppenhaar (im oberen Teil dieser Figur ist mit dünneren Linien die Hypodermis angedeutet); III Ausschnitt aus den unterseitigen Hautgeweben in Flächenansicht: zuoberst die Epidermis (extrem dickwandig), darunter die erste subepidermale Zellenlage (mit dünneren, schwach gewellten antiklinen Wänden), zuunterst die zweite subepidermale Zellenlage (dünn- und glattwandig). Vergrößerung 210fach.

schiede zwischen Schuppenhaaren von verschiedenen Punkten einer Blattfläche vgl. auch TOMLINSON 1969, S. 202/203 und 207/216).

Von einem dickwandigen hypodermalen Festigungsgewebe, wie wir es in den Kelchblättern von *Guzmania nicaraguensis*, aber auch in der Laubblattscheide und dann wieder bei den Trag- und Deckblättern von *Vriesea* × *„Rodriguez"* angetroffen hatten, kann bei den Kelchblättern dieser *Vriesea*-Form nicht mehr die Rede sein.

Den größten Teil des Mesophylls macht ein kaum differenziertes Grundgewebe aus. Dieses setzt sich im wesentlichen aus ellipsoidalen Zellen zusammen; im unterseitigen Gewebe, von der Hypodermis an bis etwa zur Ebene der Leitbündel und der Lakunen, enthalten sie Chromoplasten, die für die Gelb- oder Gelbgrünfärbung der Sepalen verantwortlich sind. Auch das Aërenchym, d. h. das Gewebe, welches die (wenigstens basal, am weitesten spitzenwärts im Medianbereich) mit den Leitbündeln alternierenden Interzellulargänge durchwuchert, besteht hier – wie auch schon bei den Trag- und Deckblättern – aus solchen ellipsoidalen Zellen; nur bei den Laub- und den Schafthochblättern begegnet man an diesen Stellen einer Art Sternparenchym.

Von der Mediane zu den Blatträndern nimmt das Kaliber der Leitbündel zusehends ab. Enthält der Medianus immerhin noch einige Tracheiden, so trifft man bei den randnahen Bündeln keine einzige mehr an, während auch noch in den schwächsten Bündeln Phloem wenigstens in Spuren vorhanden ist. Die sklerenchymatische Hülle jedoch ist auch bei diesen lateralen Bündeln noch recht wohl entwickelt, so daß man sie bei oberflächlicher Betrachtung für reine Sklerenchymstränge halten könnte.

6. *Vriesea splendens* (Brongn.) Lem.

a. Die Blattfolge in morphologischer Hinsicht

Wie die fünf zuvor besprochenen Bromeliaceen stellt auch *Vriesea splendens* eine Halbrosettenpflanze dar, die normalerweise angesichts ihres kräftigeren Habitus am ehesten an *Aechmea bracteata* unter den hier behandelten Objekten erinnert. Die beiden blühenden Exemplare, die uns zur Verfügung standen, waren allerdings von bescheideneren Dimensionen, als bei Rauh, Lehmann und Oeser (1970, S. 324) angegeben. Dies spiegelt sich auch in den Größenverhältnissen der Blätter und ihrer einzelnen Abschnitte wider: Die längsten Blätter messen hier alles in allem etwa 30 cm, wovon maximal etwa 9–10 cm auf die bis zu 6,5 cm breite Scheide entfallen; diese ist von der wiederum glattrandigen, bis etwas über 5 cm breiten Spreite wie bei den übrigen hier bearbeiteten Tillandsioideen durch eine Verschmälerungszone mit ihren marginalen Einbuchtungen abgegrenzt. Keine Beziehung zu den beiden morphologischen Hauptabschnitten des Blattes läßt die Pigmentierung erkennen: Der weiße Basalteil des Blattes macht immer nur den proximalen Bereich der Scheide aus; sein relativer und absoluter Anteil an der Gesamtlänge der Scheide ist bei den innersten Rosettenblättern mit knapp 5 cm am größten. Im übrigen weisen die Rosettenblätter dieser *Vriesea*-Art eine eigentümliche Anthocyan-Bänderung auf, der sie ein gut Teil ihres ornamentalen Wertes verdanken. Das unterste über die ganze Breite des Blattes hinweggehende Anthocyan-Band, das sich allein als Kriterium eignet, tritt meistens innerhalb des distalen (grünen) Teiles der Scheide auf, manchmal jedoch auch schon in ihrem bleichen Basalabschnitt oder aber auch erst in der Spreitenbasis[8].

Nimmt die Länge der Laubblätter von der Peripherie zum Zentrum der Rosette eine ganze Weile fast kontinuierlich zu, so erfolgt bei den innersten Rosettenblättern ein abrupter Rückgang, besonders der Spreitenlänge. Die 14

[8] Manche Blätter tragen freilich keine vollständigen Anthocyan-Bänder, sondern nur einzelne braunviolette Flecke.

bzw. 18 Schafthochblätter[9] tragen bei einer Gesamtlänge von 3 oder 4 cm nur noch ein kleines Spreitenrudiment von wenigen Millimetern Länge. Erst das oberste Schafthochblatt zeigt eine sanfte Rotfärbung und kann somit als petaloid angesprochen werden, und erst hier, beim Übergang zum fertilen Stengelabschnitt, erfolgt – anders als bei der zuvor besprochenen *Vriesea*-Hybride – wieder eine Größenzunahme der Hochblätter, insbesondere ihres vaginalen Abschnitts, so daß die zweizeilig angeordneten zinnoberroten Deckblätter, die zugleich mit den Einzelblüten auch die Infloreszenzachse verbergen, mit Längen zwischen 5 und 7 cm die Schafthochblätter deutlich übertreffen. Allein die obersten, gleichfalls petaloiden Hochblätter, in deren Achseln sich keine Blüten mehr entwickeln, begnügen sich wieder mit geringeren Dimensionen. Näherhin umschließt bei dem kräftigeren Exemplar das 13. Deckblatt außer der in seiner Achsel befindlichen Blüte (auf deren Kelch- und Kronblätter sich ein Teil der im folgenden dargestellten Untersuchungen richtet) die eigentliche Sproßknospe. Diese setzt sich aus der Achse sowie drei Hochblättern mit leeren Achseln zusammen; die beiden längeren sind ebenso wie das dreizehnte distal rosa gefärbt, das kleinste aber völlig bleich.

b. Anatomie des Laubblattes

Die Spreite des Rosettenblattes von *Vriesea splendens* war bereits Gegenstand von HASSACKS einleitend (S. 7) erwähnten Forschungen (1886, Fig. 22), welche die Aufklärung der anatomischen Seite von Färbungserscheinungen zum Ziel hatten. Hier zeigte sich, daß im Bereich der braunvioletten Querstreifen die Grünfärbung des (zwischen ober- und unterseitigem Wassergewebe eingeschlossenen) Assimilationsgewebes überlagert wird durch den Anthocyan-Gehalt der beiderseitigen Subepidermis. – Später haben dann noch TIETZE (1906) und WETZEL (1924) *V. splendens* in ihre Studien über die Saughaare der Bromeliaceen miteinbezogen.

In allen wesentlichen Punkten seines anatomischen Aufbaues stimmt das Rosettenblatt mit dem der anderen hier behandelten Bromeliaceen überein. Besonders in der Scheidenregion erreicht das Blatt mit nahezu 1 mm eine ansehnliche Dicke; die Spreite ist nur etwa halb so mächtig. Wie schon in anderen Fällen geht dieser Unterschied in erster Linie mit einer entsprechend verschiedenartigen Entwicklung der beiderseitigen Wassergewebe parallel (Abb. 33). Eine weitere Differenz zwischen Scheide und Spreite, welche der Querschnitt widerspiegelt, besteht darin, daß im Bereich der Querstreifen in der Lamina die beiderseitige, im Blattgrund aber nur die unterseitige subepidermale Zellenlage Anthocyan enthält. Schließlich herrscht hinsichtlich des

[9] Bei dem größeren unserer beiden Exemplare maß der Schaft (unterhalb der untersten Blüte samt Deckblatt) 31 cm; 20 cm entfielen dann noch auf die Infloreszenz.

Tabelle 9

Vriesea splendens (Exemplar A bzw. B). Anzahl der Stomata und der Schuppenhaare pro mm² an Ober- (OS) und Unterseite (US) verschiedener Abschnitte von Laub-, Hoch-, Kelch- und Kronblättern (Mittelwerte aus je sechs Probeflächen von je 0,34 mm²)

		Stomata				Schuppenhaare			
		Spreite distal	Spreite proximal	Scheide distal	Scheide proximal	Spreite distal	Spreite proximal	Scheide distal	Scheide proximal
zehntinnerstes	OS	0	0	0	0	4,5	5	21	48
Rosettenblatt (A)	US	29	25	4,5	1,5	11	7	1	20
9. Schafthochblatt (A)	OS			0	0			11,5	15,5
	US			4	0			12	5,5
13. Schafthochblatt (A)	OS			0	0			14,5	7
	US			3,5	0			1,5	2
1. Deckblatt (A)	OS			0	0			10	13
	US			4	0			1,5	1,5
15. „Deckblatt" (B) [9a]	OS			0	0				6
	US			0	0			0	0
Kelchblatt der	OS			0	0			7,5	2
1. Blüte (A)	US			0	0			3	4
Kelchblatt der	OS			0	0			vereinzelt	0
13. Blüte (B)	US			0	0			0	0
Kronblatt der	OS			0	0			0	0
1. Blüte (A)	US			0	0			0	2
Kronblatt der	OS			0	0			0	0
13. Blüte (B)	US			0	0			0	0

[9a] ohne Blüte in der Achsel!

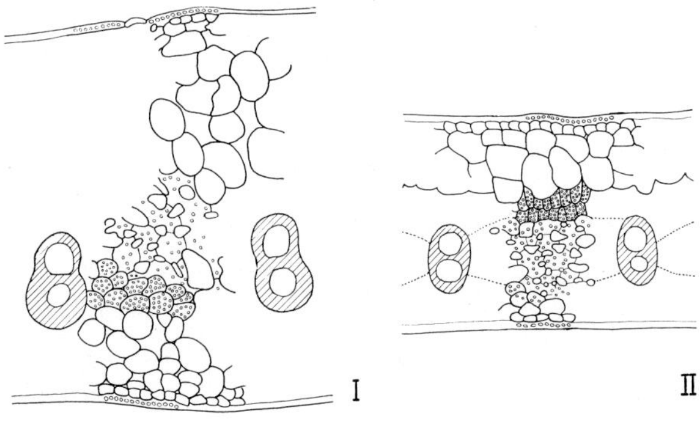

Abb. 33 *Vriesea splendens.* Teile von Querschnitten durch das zehntletzte Rosettenblatt des Exemplars A (halb-schematisch): I im grünen Bereich der Scheide, II innerhalb der Spreite. Vergrößerung 50fach.

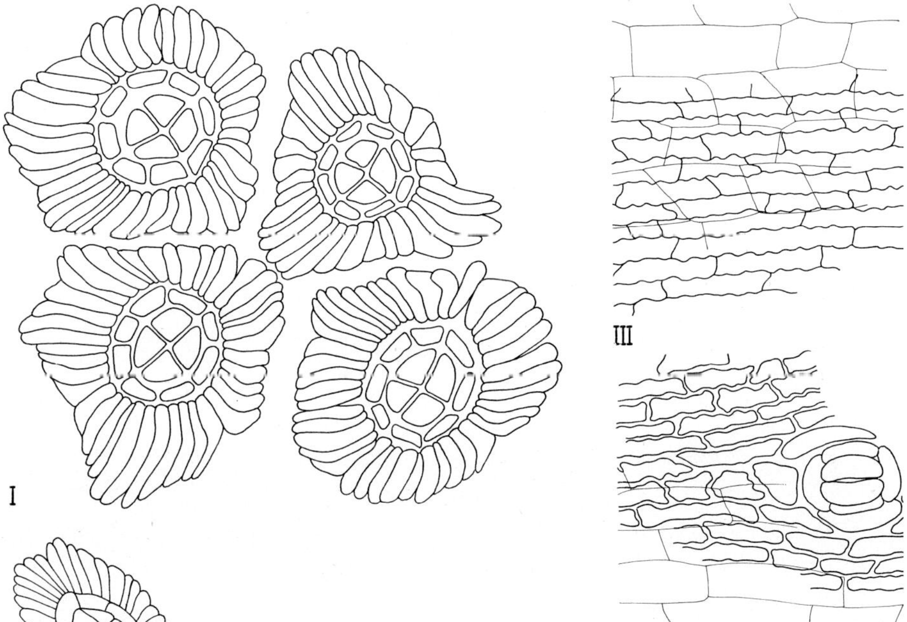

Abb. 34 *Vriesea splendens.* Flächenansichten desselben Laubblattes wie in Abb. 33: I vier Schuppenhaare aus dem proximalen Bereich der Scheidenoberseite; II ein abnormes Trichom von der Unterseite der Scheidenbasis; III ober-, IV unterseitige Epidermis im proximalen Teil der Spreite (Hypodermis mit dünneren Linien angedeutet). Vergrößerung 210fach.

Assimilationsgewebes in der Spreite normale, in der Scheide aber insofern *inverse* Dorsiventralität, als hier das dichtere, chloroplastenreichere Chlorenchym *unter* dem Aërenchym liegt.

Spaltöffnungen kommen wie üblich nur an der Unterseite vor, und hier wieder an der Scheide sehr viel weniger als an der Spreite (Tabelle 9).

Dagegen stehen die Schuppen an der Scheidenbasis wieder am dichtesten (Abb. 34 I), während die Spreite spärlicher beschuppt ist als bei unseren übrigen Objekten. Von gelegentlichen Ausnahmen abgesehen, setzt sich das einzelne Schuppenhaar aus 4 + 8 zentralen Schildzellen und etwa 40 Flügelzellen zusammen. An der Unterseite der Scheidenbasis stehen die Schuppen nicht nur weiter voneinander entfernt als an der Oberseite, sondern sind auch trotz gleicher Zellenzahl zierlicher.

c. Anatomie der Hochblätter

Wenn Schafthochblätter und Deckblätter wiederum an Dicke (zwischen etwa 150 µm und 400 µm) hinter den Laubblättern zurückbleiben, so beruht das im wesentlichen auf zwei Umständen: Erstens ist das Wassergewebe,

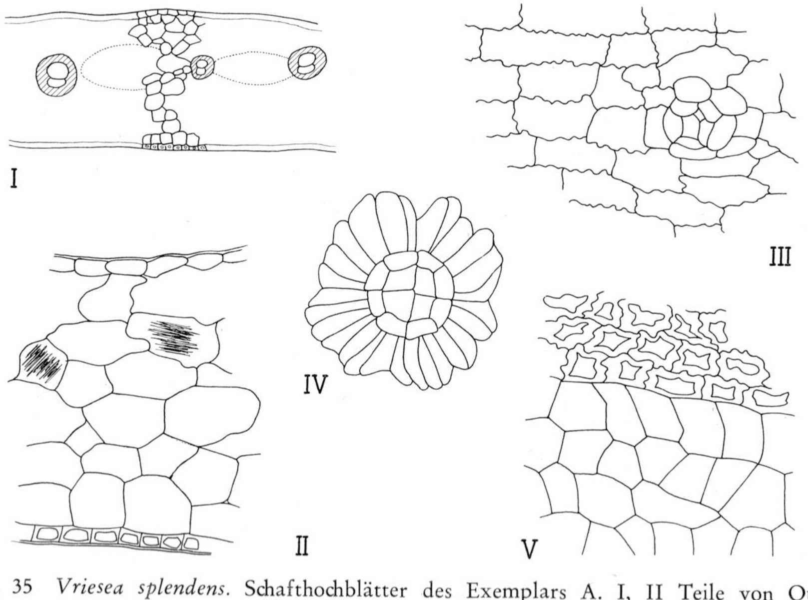

Abb. 35 *Vriesea splendens.* Schafthochblätter des Exemplars A. I, II Teile von Querschnitten durch das neunte Stengelblatt: I Übersicht (halb-schematisch), II mehr lateral gelegene Partie als in I, mit Rhaphidenzellen; III, IV Epidermis im Bereich einer Haaransatzstelle (III) und einzelnes Trichom (IV) von der Oberseite desselben Blattes in Flächenansicht; V dickwandige Epi- und dünnwandige Hypodermis von der Unterseite des 13. Stengelblattes. Vergrößerung: I 53fach, II–V 210fach.

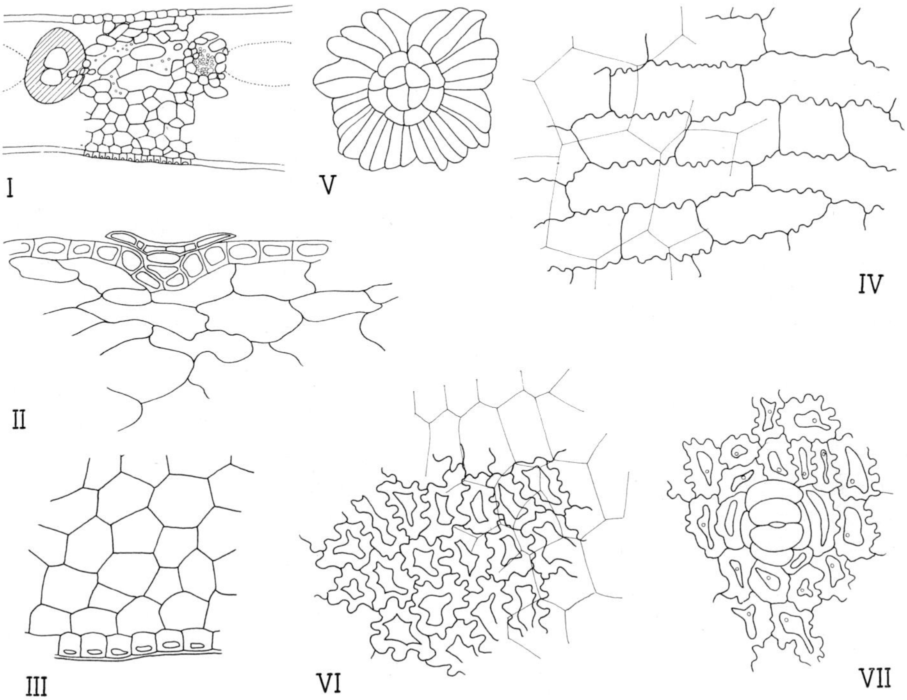

Abb. 36 *Vriesea splendens*. Erstes Deckblatt des Exemplars A. I Querschnitt (halb-schematisch), II Schnitt durch einen Teil von Epidermis und Mesophyll der adaxialen Seite, III partieller Querschnitt durch Epidermis und Mesophyll der Unterseite, IV Flächenansicht der oberseitigen Epidermis (mit gewellten Seitenwänden) und Hypodermis, V oberseitiges Schuppenhaar, VI, VII zwei Ausschnitte aus der unterseitigen Epidermis. Vergrößerung: I 53fach, II–VII 210fach.

vor allem das oberseitige, hinsichtlich Zellgröße und Zahl der Zellenlagen bescheidener entwickelt (hiermit hängt zusammen, daß die Leitbündel näher an der Oberseite verlaufen); zweitens wird ein dichtes chlorophyllreiches Assimilationsgewebe nicht mehr ausgebildet. Das Aërenchym, das jedoch etwa im selben Umfang wie beim Rosettenblatt erhalten bleibt, führt übrigens merklich kleinere Chloroplasten als dasjenige des Laubblattes.

Eine Reihe weiterer Unterschiede gegenüber letzterem manifestiert sich vor allem bei Flächenschnitten. Waren bei Laubblattscheide und -spreite die Wände der beiderseitigen Epidermiszellen etwa in gleicher Weise verdickt, so sind bei den diversen Hochblättern die oberseitigen Epidermiszellen dünn- und nur die unterseitigen (vor allem in der Medianregion) recht dickwandig (Abb. 35–37). Zugleich sind die Epidermiszellen größer als beim

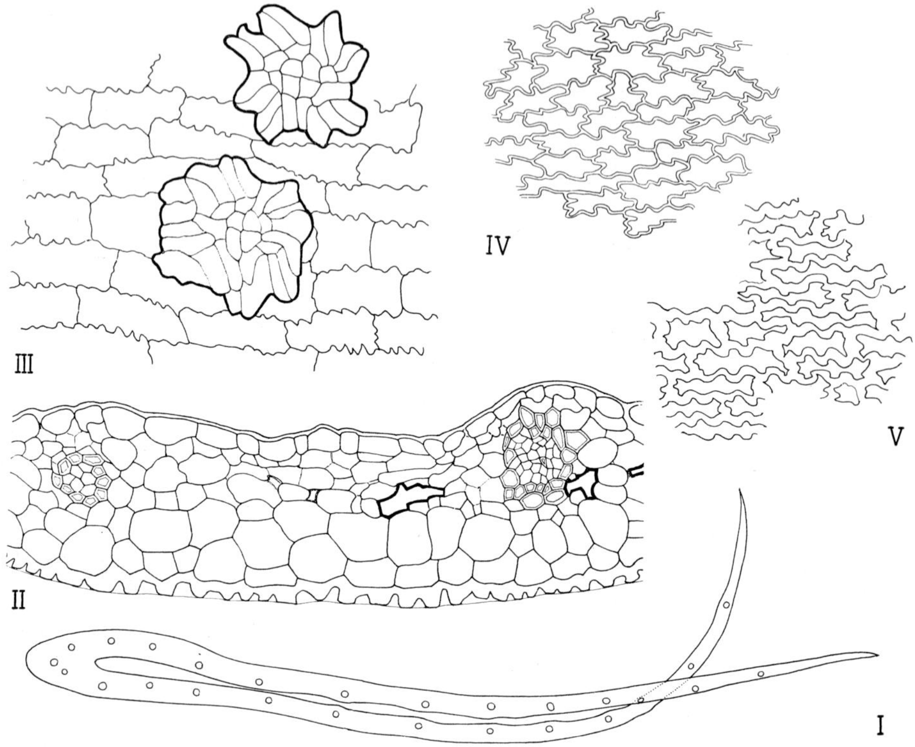

Abb. 37 *Vriesea splendens.* 13. „Deckblatt" des Exemplars B. I Querschnitt (mit Leitbündeln) im Umriß; II Teil eines Querschnitts bei stärkerer Vergrößerung; III Flächenansicht der lateralen ober-, IV und V der unterseitigen Epidermis (IV lateral, V median). Vergrößerung: I 15fach, II–V 170fach.

Rosettenblatt; dies gilt besonders für die Deckblätter (Abb. 36 IV, 37 III). Von allen anderen Epidermen dieser *Vriesea*-Art weicht die unterseitige Oberhaut der ersten Deckblätter dadurch ab, daß ihre Zellen in Flächenansicht ebenso lang wie breit oder gar breiter als lang erscheinen (Abb. 36 VI, VII), während sie sonst parallel zur Längsachse des Blattes gestreckt sind. An keiner Stelle erwies sich eine Hochblatt-Epidermis von *Vriesea splendens* als so kleinzellig wie bei den Hypsophyllen der *Vriesea*-Hybride *„Rodriguez"*.

Spaltöffnungen begegnet man wie bei den Hochblättern der drei anderen hier behandelten Tillandsioideen nur an der Unterseite, wo sie sich auf den distalen Abschnitt beschränken und dort ebenso dünn gesät sind wie bei der Laubblattscheide. Nur die obersten Deckblätter scheinen der Stomata völlig zu entraten.

Trichomschuppen liegen dagegen an der Oberseite der Hochblätter in *geringerer* Dichte vor als an der Laubblattscheide (an der Unterseite herrschen teilweise etwas unregelmäßige Verhältnisse). Das einzelne Schuppenhaar weist vor allem einen kürzeren Stiel und eine geringere Anzahl von Flügelzellen auf (4 + 8 Schildzellen und 20 bis 30 Flügelzellen bei unteren Deckblättern). Die absonderliche Form der Schuppenhaare in den lateralen Partien der obersten Hypsophylle (Abb. 37 III) hängt damit zusammen, daß der äußere Schildzellwirtel unvollkommen ausgebildet ist.

Von der Hybride *„Rodriguez“* unterscheidet sich *V. splendens* sodann dadurch, daß die subepidermale Zellenlage, auch an der Unterseite, *kein* Festigungsgewebe darstellt, sondern dem zartwandigen Wassergewebe angehört. In noch größerem Umfang als bei der Epidermis trifft man in der Hypodermis Zellen an, welche breiter als lang sind. Wie schon bei der Scheide des Rosettenblattes, so findet sich Anthocyan auch bei den Hochblättern nur an der Unterseite (Außenseite), und zwar diesmal in der ersten *und zweiten* subepidermalen Zellenlage.

Die mit den Leitbündeln alternierenden Lakunen sind bei den Schafthochblättern und den unteren Deckblättern noch von mehrarmigen Aërenchymzellen („Sternparenchymzellen“) durchwachsen; bei den obersten Hypsophyllen treten eher rundliche, allenfalls noch ein wenig unregelmäßig gelappte Zellen an ihre Stelle. Die Leitbündel werden mit steigender Insertionshöhe zunehmend reduziert; während die Sklerenchymscheide stets erhalten bleibt, enthält manches Bündel nur noch eine oder gar keine Tracheide mehr (Abb. 37 II).

d. Anatomie der Kelch- und Kronblätter

Kelchblätter

Wie schon bei *Guzmania nicaraguensis,* so setzen sich auch bei *Vriesea splendens* verschiedene im Hochblattbereich aufgekommene „Trends“ in der Blütenhülle fort. Dies gilt zunächst einmal für die freistehenden, 18–23 mm langen weißen Kelchblätter. Ihre Dicke beträgt an der Basis etwa 400 μm und sinkt distal auf etwa 200 μm ab, steht also derjenigen der Deckblätter keineswegs nach. Auch die Gewebeverteilung innerhalb der Sepalen gleicht derjenigen der Deckblätter, so daß auch hier die Leitbündel nahe der Oberseite liegen.

Die Epidermiszellen sind im Prinzip von ähnlicher Art und Größe wie bei den Deckblättern, allenfalls noch ein wenig größer. Die oberseitigen sind hier wie dort in der Längsrichtung des Organs gestreckt, ihre antiklinen Wände dünn und eng gewellt. (Allein die Außenwand ist ein wenig verstärkt, was man bei Bromeliaceen-Laubblättern relativ selten beobachtet.) Die unterseitigen Oberhautzellen strecken sich bei den Sepalen mehr in die Länge als beim Deckblatt und haben ähnlich dicke Wände wie dort (Abb. 38 IV). Im einzelnen herrscht eine gewisse Variation: In der Medianregion sind die Zellen flacher als seitwärts (Abb. 38 I, II), und über Leitbündeln sind die antiklinen Epidermiszellwände dicker als über Interkostalstreifen. Dabei erscheinen die dünneren äußersten Partien dieser Wände stärker unduliert als die massiveren inneren Teile.

Spaltöffnungen fehlen nun generell; die Dichte der Schuppenhaare scheint mit zunehmender Insertionshöhe der Blüte noch weiter zurückzugehen: Waren bei der ersten Blüte des einen Exemplars noch beiderseits etwa zwei bis acht Saugschuppen pro mm² zu finden, so trugen Kelchblätter der 13. Blüte des anderen Exemplars allein an der Oberseite des mittleren

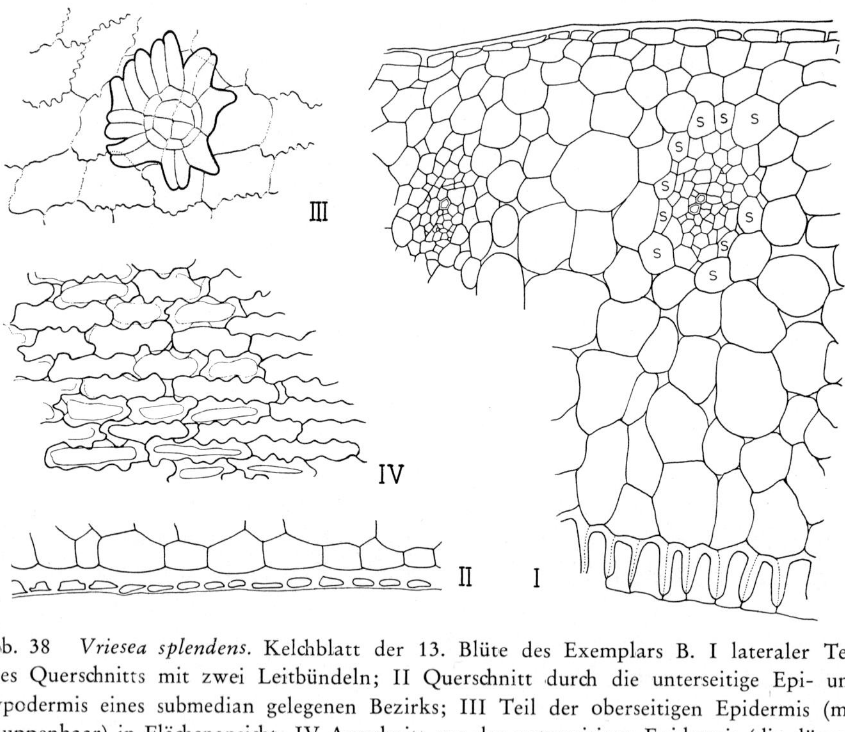

Abb. 38 *Vriesea splendens.* Kelchblatt der 13. Blüte des Exemplars B. I lateraler Teil eines Querschnitts mit zwei Leitbündeln; II Querschnitt durch die unterseitige Epi- und Hypodermis eines submedian gelegenen Bezirks; III Teil der oberseitigen Epidermis (mit Schuppenhaar) in Flächenansicht; IV Ausschnitt aus der unterseitigen Epidermis (die dünnen stärker undulierten äußeren Partien der antiklinen Wände sind mit kräftigeren Linien wiedergegeben, die Konturen der dicken inneren Partien der antiklinen Wände einiger Zellen hingegen mit zarteren Strichen). S = Zellen der (unvollständigen) Stärkescheide. Vergrößerung 170fach.

und des distalen Drittels noch ganz vereinzelt Schuppen (Tabelle 9). Diese sind auch selbst noch weiter reduziert, indem die Zahl der Flügelzellen kaum noch 16 erreicht (Abb. 38 III), was aber auch schon bei Deckblättern gelegentlich vorkommt.

Die unterseitige subepidermale Lage von überwiegend längsgestreckten Zellen ist weder (wie beim Deckblatt) durch besondere Pigmentierung noch (wie beim Kelchblatt von *Guzmania nicaraguensis*) durch Wandverstärkungen ausgezeichnet, kurzum: sie unterscheidet sich kaum vom übrigen Mesophyll, dessen bleiche, rundliche Grundgewebszellen von der Unter- zur Oberseite hin an Volumen abzunehmen pflegen.

Die Leitbündel sind zunächst einmal von einer unvollständigen Stärkescheide (S in Abb. 38 I) umgeben. Hierauf folgt nach innen zu – an Stelle der sonst üblichen sklerenchymatischen Hülle – ein dünnwandiges Gewebe, dessen Wände aber gleichwohl mit Phloroglucin/HCl eine deutliche Ligninreaktion geben. Das eigentliche Leitgewebe ist äußerst spärlich entwickelt; selbst der Medianus besitzt nur drei Tracheiden!

Kronblätter

Das *Vriesea*-Kronblatt zeigt an seiner Oberseite zwei Auswüchse, durch die sich diese Gattung von nahestehenden Genera wie *Tillandsia* unterscheidet (Abb. 39 I; vgl. Rauh, Lehmann und Oeser 1970, S. 68 f. und 289). Auch hiervon abgesehen, zeigen die – etwa 5 cm langen, gleichfalls freistehenden – Petalen von *V. splendens* einige Abweichungen von den Kelchblättern – neben allen unvermeidlichen Gemeinsamkeiten.

Die Übereinstimmung betrifft u. a.:
(1.) die Dicke (median an der Basis immer noch knapp 400 μm),
(2.) die Grundzüge der Gewebeverteilung und
(3.) das vollständige Fehlen von Spaltöffnungen.

Unterschiede bestehen dagegen
(1.) hinsichtlich der Gestaltung der Epidermis,
(2.) bezüglich des Schuppenbesatzes,
(3.) in puncto Leitbündeldichte,
(4.) in Bezug auf die Ausdifferenzierung des übrigen Mesophylls und
(5.) in der Pigmentierung.

Was zunächst die Epidermis anlangt, so sind deren Zellen beiderseits wieder kleiner als bei den zuvor erörterten Organen; ihre Wände sind allseitig dünn, die antiklinen gerade und die Außenwände von einer auffallend stark gerieften Cuticula bedeckt. Über den Zellumina verlaufen die Streifen

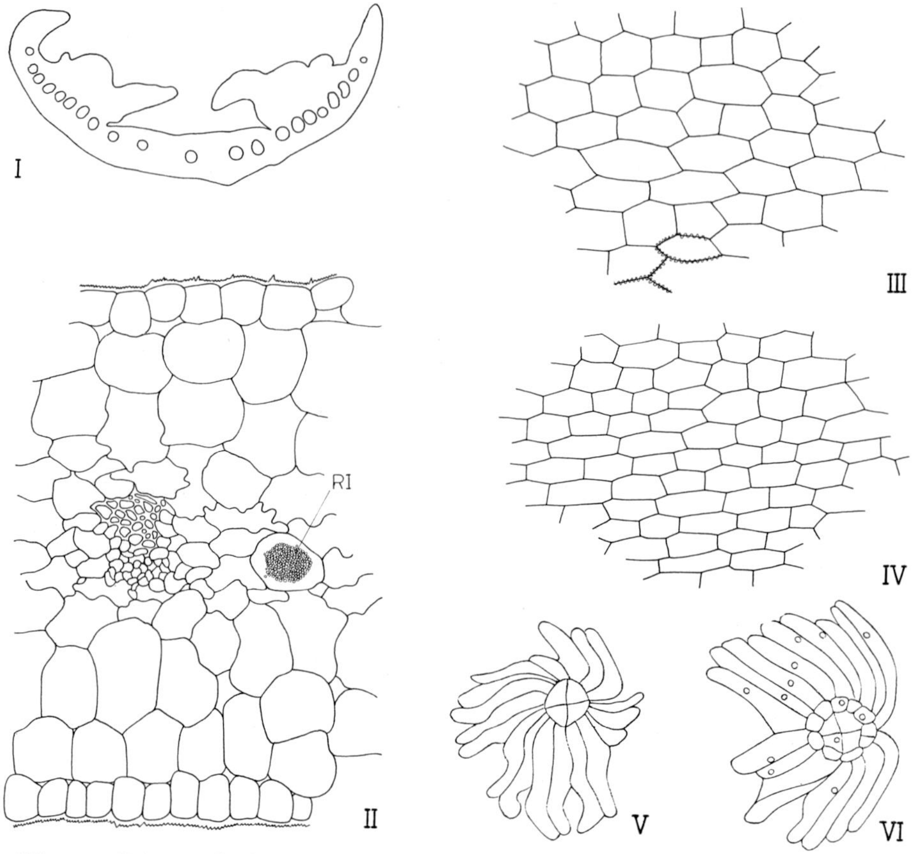

Abb. 39 *Vriesea splendens.* Kronblätter. I Querschnitt durch die Basis eines Petalum der 13. Blüte des Exemplars B (an der Oberseite sind die beiden sogenannten Ligulae getroffen); II stärker vergrößerter Teil eines Querschnitts durch ein Petalum; III ober-, IV unterseitige Epidermis in Flächenansicht (in III ist am unteren Rand bei einigen Zellen das mäanderförmige Cuticularmuster über antiklinen Wänden angedeutet); V, VI unterseitige Schuppenhaare desselben Petalum (in VI Zellkerne durch Kreise wiedergegeben). RI = Rhaphiden-Idioblast. Vergrößerung: I 15fach, II–VI 210fach.

der Cuticula in der Längsrichtung des Organs, im Bereich der antiklinen Wände bilden sie ein mäanderähnliches Muster (Abb. 39 II, III).

Saugschuppen kommen bei den Petalen noch spärlicher vor als bei den Kelchblättern; im Falle eines Petalum der ersten Blüte der einen Pflanze waren nur im Basalbereich und auch hier nur an der Unterseite ein paar Trichome zu entdecken (Abb. 39 V, VI); bei Petalen der 13. Blüte des anderen Individuums wurden überhaupt keine Schuppenhaare gefunden. Im ersten Fall zeigt das einzelne Trichom oft wieder bizarre Formen in Verbindung mit verschiedenen Reduktionserscheinungen. So kann beim Schild der achtzellige Zyklus fehlen, und die ca. 16 Flügelzellen können sich dergestalt anordnen, daß die Schuppe nur *eine* („Quasi"-) Symmetrieebene aufweist, die dann aber keine bestimmte Richtung zu bevorzugen scheint. Der Anwesenheit von Zellkernen und Zytoplasma nach zu urteilen, bleiben die Haarzellen hier länger lebendig als bei den Vegetationsorganen.

Beim Querschnitt durch ein Kronblatt fällt weiter auf, wie dicht die Leitbündel besonders im Bereich der oberseitigen Protuberanzen stehen (Abb. 39 I); so kommt es, daß dieses Organ von knapp 5 mm Breite zwanzig Leitbündel zählt, während z. B. bei den (etwa gleich langen, aber ausgebreitet mehr als doppelt so breiten) Deckblättern auf einen 5 mm breiten Streifen nur zehn oder elf Bündel entfallen (Abb. 37 I). Das einzelne Leitbündel entbehrt der sklerenchymatischen Verstärkung und liefert wohl aus diesem Grunde bei mit der Hand geführten Querschnitten weniger klare Bilder als bei den anderen Organen; es besteht aus zahlreichen dünnwandigen, unverholzten Elementen; Xylem spielt höchstens eine untergeordnete Rolle.

Das übrige Mesophyll stellt ein recht großzelliges Gewebe dar, das sich auch wieder in erheblicherem Maße zwischen den Leitbündeln und der oberseitigen Epidermis erstreckt und noch weniger bzw. noch kleinere Interzellularen enthält als das entsprechende Gewebe des Kelchblattes oder gar des Deckblattes. Bei angewelkten Petalen gibt es sich durch seine ziehharmonikaartige Wandfaltung als ein ausgesprochenes Wassergewebe zu erkennen. Wenn die distale Hälfte der Petalen (zum Unterschied gegenüber den weißen Kelchblättern) gelb erscheint, so beruht dies auf dem Vorhandensein von Chromoplasten in den Zellen dieses Wassergewebes und der Epidermis.

IV. Diskussion der Resultate

Wie bei einer ganzen Reihe anderer Pflanzen der warmen Zonen bilden auch bei zahlreichen Bromeliaceen korollinische Hochblätter jenen Schauapparat, der nicht nur tierische Blütenbesucher anlocken mag, sondern auch einen der wesentlichen Gründe darstellt, derentwegen man solche Gewächse vielerorts als Zierpflanzen kultiviert. Um so mehr mußte es überraschen, wie sehr diese Organe bislang sowohl von der Systematischen und der Ökologischen Anatomie als auch bei den Untersuchungen über das Zustandekommen verschiedener Färbungen im Pflanzenreich vernachlässigt worden sind. Sieht man ab von SCHONS Befunden an *Aechmea fasciata,* die vor kurzem in knapper Form an anderer Stelle publiziert worden sind (NAPP-ZINN 1974, S. 967 f.) und hier in den Kreis der Betrachtungen mit einbezogen werden sollen, so scheint die vorliegende Mitteilung den ersten Versuch darzustellen, das bis jetzt Versäumte an Hand einer kleinen, aber einigermaßen repräsentativen Auswahl nachzuholen, handelt es sich dabei doch insgesamt um eine Tillandsioidee mit gelben (*Vriesea* × *„Rodriguez"*) und drei mit roten Hypsophyllen (*V. splendens, Guzmania minor* und *G. nicaraguensis*) sowie um je eine Bromelioidee mit gelben (*Nidularium billbergioides*), roten (*Aechmea bracteata*) und rosafarbenen Hochblättern (*Ae. fasciata*). Es liegt deshalb wohl nahe, im Rahmen dieser abschließenden Erörterungen als erstes auf die Frage einzugehen:

Wie kommt bei Bromeliaceen der petaloide Hochblatt-Charakter zustande?

Ohne Zweifel ist es ja immer in erster Linie die Färbung (und nur in einem Teil der Fälle, wie bei *Aechmea fasciata, Nidularium billbergioides* und *Guzmania minor,* außerdem die pseudanthienmäßige Gruppierung) dieser Hochblätter, welche uns berechtigt, sie als petaloid oder korollinisch zu bezeichnen. Unsere Frage richtet sich somit vor allen Dingen auf die anatomischen Grundlagen der Färbung. Für unsere sieben Objekte können wir summarisch feststellen, daß Rot und Rosa auf den Anthocyangehalt des Zellsaftes der ersten, manchmal außerdem auch der zweiten subepidermalen

Zellenlage zurückgehen, während Gelb und Orange auf dem Carotinoidgehalt der Plastiden beruhen.

Nun tritt gegebenenfalls, wie wir gesehen haben, Anthocyan meist auch schon in der Laubblatt-Hypodermis auf: Bei *Vriesea splendens* ruft es in Verbindung mit dem gleichzeitig im Blattinnern vorhandenen Chlorophyll die braunviolette Bänderung hervor, bei *Guzmania nicaraguensis* läßt es die Nervenbahnen als tiefviolette Linien hervortreten, bei *Aechmea fasciata* jedoch bewirkt es nicht viel mehr, als daß das Grün des Chlorophylls in den mit kleineren Schuppen besetzten Querbändern ein wenig verdunkelt erscheint.

Im Hinblick auf *Aechmea fasciata*, die einzige hier behandelte Pflanze mit rosafarbenen Hochblättern, bliebe noch zu klären, inwieweit diese Tönung von Art und Konzentration des Anthocyans abhängt – oder etwa eher von der Totalreflexion des Lichtes an der Luft unter den Schuppenhaaren, die hier an den Hypsophyllen dichter stehen als bei irgendeiner anderen untersuchten Bromeliacee mit anthocyangefärbten Hochblättern (Tabelle 10).

Tabelle 10

Zahl der Schuppenhaare an petaloiden Infloreszenzhochblättern pro mm² der Ober- (OS) bzw. der Unterseite (US).

Species	Hochblattfarbe		Spitze	Mitte	Basis
Aechmea fasciata	rosa	OS	23	12	7
		US	21	17	15
Aechmea bracteata	rot	OS	4	2 – 3	0 – 1
		US	4 – 6	2 – 6	3 – 8
Nidularium billbergioides	gelb	OS	7 – 17	1 – 6,5	vereinzelt
		US	19 –24,5	10,5–14	6–10
Guzmania minor	rot	OS	12,5	7,5– 9	vereinzelt
		US	11,5	10 –19	9
Guzmania nicaraguensis	rot	OS		3 – 5	
		US		10 –14	
Vriesea × „Rodriguez"	gelb	OS	17,5–20	19 –20	13,5–17,5
		US	0 – 1	0	0
Vriesea splendens	rot	OS	10		6–13
		US	0 – 1,5		0– 1,5

Ebenso ist davon auszugehen, daß bei den Arten mit gelben Hochblättern auch schon die Plastiden der Laubblätter ansehnliche Carotinoidmengen enthalten. Im einen wie im anderen Falle kommt es erst dadurch zur typischen Ausfärbung der Hochblätter, daß die Chlorophyllsynthese gedrosselt wird. Dieser Schritt erfolgt generell früher oder später im Bereich der Schafthochblätter, die der eigentlichen Infloreszenz vorausgehen.

Das Ausbleiben der Chlorophyllsynthese führt uns zu der zweiten Frage:

Inwieweit handelt es sich bei den petaloiden Hochblättern um Hemmungsformen?

Diese Frage hat, abgesehen von dem eben berührten biochemischen Aspekt, einen morphologischen und einen anatomischen. Was zunächst in aller Kürze die morphologische Seite anlangt, so haben vor allem die Untersuchungen an Bromelioideen mit stachelbesetztem Spreiten-, aber glattem Scheidenrand mit aller Deutlichkeit gelehrt, daß bei den Rosettenblättern und (bzw. oder) im Bereich der unteren Stengelblätter, d. h. der sogenannten Schafthochblätter, die Spreitenbildung zunehmend unterdrückt wird, so daß die petaloiden oberen Stengelblätter rein vaginaler Natur sind oder allenfalls ein bescheidenes Spreitenrudiment aufweisen. Entsprechendes gilt für die vier bearbeiteten Tillandsioideen, selbst wenn hier die Abgrenzung der beiden Blattabschnitte voneinander in Ermangelung eines Stachelbesatzes des Spreitenrandes nicht mit derselben Genauigkeit erfolgen kann. Demgegenüber hatte es sich bei den meisten von Troll (1939, S. 1348 ff.) ausgiebig analysierten petaloiden Hochblättern um laminare Organe gehandelt. Hier wie dort stellen korollinische Hochblätter insoweit Hemmungsformen dar, als sie jeweils nahezu gänzlich auf *einen* bestimmten Blattabschnitt reduziert sind.

Mit dem vergleichend-morphologisch erschlossenen vaginalen Charakter der Bromeliaceen-Hochblätter[10] steht ihre Randgestaltung in Einklang: Während die Spreite des Laubblattes marginal abgerundet zu sein pflegt, wird das Hypsophyll ebenso wie die Laubblattscheide von einem rein epidermalen Saum umgeben (Abb. 3, 6, 9). Wo aber Hochblätter wie bei *Guzmania minor* noch über einen laminaren Abschnitt verfügen, weist dieser eine ähnliche marginale Rundung auf wie die Laubblattspreite (Abb. 18, II, III), und die Hautsaumbildung beschränkt sich auf den Basalbereich (über vergleichbare Fälle s. Napp-Zinn 1974, S. 835 f., und speziell für Liliatae Troll 1955).

[10] Wir sehen hier zunächst von denjenigen Fällen ab, in denen am Aufbau der Hochblätter auch ein mehr oder minder ansehnlicher Spreitenrest beteiligt ist wie bei den zwei im Text besprochenen *Guzmania*-Arten. Schon Johow hatte in seiner (in diesem Zusammenhang bisher wohl immer übersehenen) Arbeit von 1884 Beobachtungen mitgeteilt, die Anlaß zu der Annahme gaben, daß es sich bei *Nidularium spectabile* ähnlich verhalte.

Von Fall zu Fall wird der morphologische Befund auch noch durch weitere anatomische Indizien unterstrichen, etwa bei *Guzmania nicaraguensis* durch den Umstand, daß ausgeprägte oberseitige Leitbündelscheidenfortsätze, wie sie in der Laubblattspreite jedes vierte oder fünfte Leitbündel begleiten, im Hochblatt ebenso wie in der Laubblattscheide fehlen (Abb. 20).

Tabelle 11

Quotient Stomata: Schuppenhaare an der Unterseite von Laubblättern der untersuchten Arten. (Unter Zugrundelegung der in den vorausgehenden Tabellen mitgeteilten Werte.)

	Spreite distal	Spreite proximal	Scheide distal	Scheide proximal
Bromelioideae				
Aechmea fasciata	1,6	1,5		0,03
Aechmea bracteata	2,2	2,2	1,0	0,04
Nidularium billbergioides	1,2	1,6	0,3	0,06
Tillandioideae				
Guzmania minor	2,9	2,9	0,3	0,02
Guzmania nicaraguensis	2,1	1,0	0,5	0
Vriesea × *„Rodriguez“*	1,3	1,7	0,07	0,02
Vriesea splendens	2.6	3,6	4,5	0,08

Auch der Quotient Stomata : Schuppenhaare, den zu ermitteln nur bei der Unterseite der normalerweise hypostomatischen Blätter Sinn hat, eignet sich zuweilen. Nimmt er bei der Laubblattspreite gewöhnlich Werte zwischen 1 und 4 an (Tabelle 11), so sinkt er bei der Laubblattscheide, von wenigen Ausnahmen abgesehen, auf Werte $<$ 1,0 ab. Aus den in den vorangehenden Tabellen enthaltenen Angaben resultieren Quotienten zwischen 0,5 und 1,0 für die petaloiden Schafthochblätter von *Aechmea bracteata* (wie für *Ae. fasciata*) sowie für petaloide Tragblätter von *Nidularium billbergioides* – und Quotienten $<$ 0,5 für Deckblätter der letztgenannten Art und von *Guzmania nicaraguensis.* Die zwei *Vriesea*-Formen tragen an der Unterseite ihrer oberen Hochblätter wenige oder gar keine Schuppenhaare, so daß hier dieses Kriterium entfällt. Wieder andere Merkmale weisen – auch dies sei hier nicht verschwiegen – eher in die entgegengesetzte Richtung: So gleichen die reduzierten Saugschuppen der Hochblätter z. B. von *Aechmea bracteata* eher denen der *Spreite* des Laubblattes (was an sich ökologisch verständlich ist).

In Widerspruch zu einer ausschließlichen Interpretation der fraglichen Organe als Hemmungsbildungen im morphologischen Sinne steht der Umstand, daß vielfach im Bereich der Schafthochblätter, und zwar spätestens beim Übergang von den foliosen zu den petaloiden Schafthochblättern, eine erneute Längenzunahme des Blattgrundes einsetzt, die zu einem zweiten Längenmaximum bei den obersten Schafthochblättern oder den unteren Tragblättern führt (Abb. 1), eine Erscheinung, die wir bereits auf S. 41 näher besprochen haben. Auch dieses Phänomen steht nicht isoliert da; erinnert sei hier nur an zahlreiche Compositen (z. B. die meisten Centaureinen und Carduinen), bei denen ein Blattgrund überhaupt erst im Bereich des Involucrum frei in Erscheinung tritt (Napp-Zinn 1956).

Nun zur anatomischen Seite unserer Frage! Auf weite Strecken geht mit der Entwicklungshemmung im morphologischen Sinne eine Reduktion der anatomischen Differenzierung Hand in Hand. Besonders deutlich spiegelt dies in manchen Fällen die geringere Anzahl der Stomata und der Saugschuppen pro Flächeneinheit der korollinischen oberen Hochblätter wider (Tabellen 3–6, 8 und 9). In dieser Beziehung schlagen die petaloiden Hochblätter gewissermaßen die Brücke zu den oft völlig astomatischen und großenteils auch unbehaarten Kelch- und Kronblättern. Zugleich bleiben häufig die Schließzellen und Haare bei den Hypsophyllen kleiner, und das einzelne Schuppenhaar, oft von abnormer wenn nicht gar bizarrer Gestalt, setzt sich aus einer geringeren Anzahl von Zellen als beim Laubblatt zusammen (Abb. 13 V, 29 III). Weiter ist bei den Hochblättern gewöhnlich auch die Mächtigkeit des Mesophylls und vor allem die des Wassergewebes verringert, ein Assimilationsgewebe tritt immer weniger in Erscheinung, die Leitbündel erreichen ein geringeres Kaliber, insbesondere die eigentlichen Leitgewebe sind (im Vergleich mit dem Laubblatt) kaum entwickelt und die Scheiden in geringerem Maße verholzt – wenn überhaupt. Bei den zwei *Aechmea*-Arten durchziehen Sklerenchymstränge das Mesophyll der Laubblätter, nicht aber das der petaloiden Hochblätter.

Aber auch in anatomischer Hinsicht weisen die untersuchten Hochblätter diese oder jene Eigentümlichkeit auf, die den Laubblättern fehlt. Hier ist etwa an das Auftreten einer sklerenchymatischen unterseitigen Hypodermis in Hochblättern von *Guzmania minor* (Abb. 18 VI) und *Vriesea* × *„Rodriguez“* (Abb. 31 III) zu denken, – an die spezifische Entwicklung der Wassergewebe in verschiedenen Abschnitten der Hochblätter dieser beiden Species (Abb. 17, verglichen mit Abb. 16, und Abb. 28, verglichen mit Abb. 25) oder an das mediane Entfaltungsgewebe im distalen Teil der Deckblätter der letztgenannten Art (Abb. 30 II). Auch das vereinzelte Vorkommen oberseitiger Spaltöffnungen bei Hochblättern der drei untersuchten Bromelioideen (Tabelle 3 und 4), besonders der beiden *Aechmea*-Arten, verdient – gerade angesichts der sonst praktisch durchgängigen Hypostomatie der Bromeliaceen – in diesem Zusammenhang Beachtung.

Ambivalent im Hinblick auf unsere Fragestellung erscheinen die Größe der Epidermiszellen (bzw. ihre Anzahl pro Flächeneinheit) und die Dichte der Spaltöffnungen und der Schuppenhaare, soweit sie mit der Größe der Epidermiszellen korreliert ist. Bei einigen unserer Tabellen fällt ja auf, daß die Haar- und die Stomata-Dichte bei den unteren oder mittleren Schafthochblättern ihr Maximum erreichen. Nun haben wir darauf verzichtet, in jedem einzelnen Falle auch noch die Epidermiszellen auszuzählen und den Stomata-Index zu berechnen. Die in Tabelle 7 zusammengefaßten Werte für *Guzmania nicaraguensis* sowie eine Reihe von Abbildungen legen aber den Gedanken nahe, daß diese Maxima mit einer besonders geringen Flächenerstreckung der Epidermiszellen in Verbindung stehen. Mit anderen Worten: die Epidermiszellen dieser unteren Schafthochblätter scheinen sich nach Anlegung der Haare und der Spaltöffnungen weniger in die Länge und Breite gestreckt zu haben als bei *Laub*blättern üblich. Da ja diese Schafthochblätter kleiner sind als die Rosettenblätter (eventuell mit Ausnahme der innersten), kann man auch sagen, daß die Hemmung des Streckungswachstums der Epidermiszellen in der vorausgegangenen Zellteilungsphase nicht voll kompensiert worden ist.

Ähnlich, nur umgekehrt, liegen die Dinge bei den obersten Hochblättern, den Trag- und Deckblättern, deren oberseitige Epidermen oft durch ganz besonders große Zellen auffallen (Tabelle 7, Abb. 36 IV, 37 III). Da ja auch diese Phyllome hinsichtlich ihrer Größe nicht entfernt an die Rosettenblätter heranreichen, kann man folgern, daß hier eine Hemmung der Zellteilungen durch gesteigertes Streckungswachstum nicht voll aufgewogen wird.

Indessen nimmt die Größe der Epidermiszellen innerhalb der Blattfolge mehrere Male zu und ab (vgl. S. 60), und an Ober- und Unterseite des Blattes herrschen oft unterschiedliche Verhältnisse. Eine detailliertere Diskussion der Größe der Epidermiszellen und der Dichte von Haaren und Stomata würde deshalb noch ausgedehntere quantitative Untersuchungen voraussetzen. Solange diese noch ausstehen, läßt sich angesichts der geringeren Größe der Hochblätter (im Vergleich mit den Rosettenblättern) nur sagen, daß bei dem Zusammenspiel von Zellteilung und Zellstreckung die Hemmung des einen oder des anderen dieser beiden Vorgänge im Endeffekt den Ausschlag geben muß.

Zusammenfassung

Korollinische Hochblätter von Bromeliaceen scheinen bislang – trotz ihrer ornamentalen Bedeutung und trotz ihrer weiten Verbreitung in dieser Familie – noch nicht Gegenstand umfassender Forschungen gewesen zu sein. Von vier Tillandsioideen (*Guzmania minor*, *G. nicaraguensis* und *Vriesea splendens* mit roten sowie *Vriesea* × *„Rodriguez"* mit gelben Hochblättern) sowie von zwei Bromelioideen (*Nidularium billbergioides* mit gelben und *Aechmea bracteata* mit roten Hypsophyllen) wurden deshalb Laub- (Rosetten-) Blätter, grüne Stengelblätter (sogenannte foliose Schafthochblätter) und petaloide Infloreszenzhochblätter (Deck- und gegebenenfalls Tragblätter) vergleichend-morphologisch und -anatomisch untersucht. Die entsprechenden Organe der schon früher bearbeiteten *Aechmea fasciata* (Hochblätter rosa) wurden in den Vergleich miteinbezogen, ebenso in manchen Fällen auch die Kelch- und die Kronblätter.

Rot- und Rosafärbung beruhen auf dem Vorhandensein von Anthocyan in der ersten, manchmal auch außerdem in der zweiten subepidermalen Zellenlage, Gelbfärbung dagegen auf der Anwesenheit gelber Chromoplasten im Mesophyll, bei Kronblättern gelegentlich außerdem in der Epidermis. Die maßgeblichen Farbstoffe sind zwar meist auch schon in den Laubblättern zugegen; damit sie voll zur Geltung kommen, wie es gewöhnlich erst bei den petaloiden Hochblättern geschieht, muß darüber hinaus die Chlorophyllsynthese im innersten Mesophyll unterbunden oder wenigstens eingeschränkt sein.

In morphologischer Beziehung stellen sich die petaloiden Hochblätter insoweit als Hemmungsformen dar, als sie meist fast rein vaginalen Charakter tragen: Die Spreite ist in der Regel extrem reduziert. Im Widerspruch hierzu steht öfters die Entwicklung des Blattgrundes: Zwar geht auch seine Länge bei den inneren Rosettenblättern generell zurück; bei den Hochblättern dagegen (manchmal schon von den ersten Schafthochblättern an, spätestens aber beim Übergang von foliosen zu petaloiden Hypsophyllen) nimmt dann aber seine Länge wieder zu (Abb. 1).

Ebenso erscheinen die petaloiden Bromeliaceen-Hochblätter in anatomischer Hinsicht teils als Hemmungsformen der Laubblätter, teils als Blattorgane „sui generis“:

als Hemmungsformen der Laubblätter insofern, als gewöhnlich die Dicke des Mesophylls, insbesondere des hypodermalen Wassergewebes, geringer bleibt, ein eigentliches Assimilationsgewebe kaum noch ausdifferenziert wird, die Leit- und Festigungsgewebe nur noch geringe Dimensionen erreichen, Verholzung nur noch in bescheidenem Umfang eintritt, Spaltöffnungen und Schuppenhaare in geringerer Anzahl pro Flächeneinheit entstehen, die Schließzellen kürzer bleiben und die Schuppenhaare sich aus einer kleineren Anzahl von Zellen zusammensetzen, –

als Blattorgane „sui generis“ in bestimmten Fällen insoweit, als nur hier eine abaxiale sklerenchymatische Hypodermis (wie bei *Guzmania minor* und bei *Vriesea* × *„Rodriguez“*) oder eine geringe Anzahl oberseitiger Stomata (wie bei *Aechmea*-Arten) auftritt, letzteres eine besonders bemerkenswerte Erscheinung angesichts der sonstigen Hypostomatie der Bromeliaceen.

Im Verlauf unserer Untersuchungen fiel eine größere Zahl neuer Beobachtungen zur allgemeinen Anatomie von Bromeliaceen-Blättern an, die sich zwar in Abbildungen und Tabellen widerspiegeln, auf die wir aber im Text nur selten näher eingegangen sind. Hervorhebung verdienen vor allem die besonders großen und – für Tillandsioideen – ungewöhnlich vielzelligen Schuppenhaare von *Guzmania nicaraguensis*, die sich annähernd nach der Formel 4 + 8 + 16 + 32 + 64 + 128 aufbauen (Abb. 22), und das Vorkommen von Spaltöffnungsapparaten mit mehr als zwei lateralen Nebenzellen bei dieser Art (Abb. 23 VII) sowie bei *Aechmea bracteata*. Einige spezielle Fragen, z. B. bezüglich der Evolution des Epiphytismus (S. 45) oder bezüglich der Bildung des Haar- und Stomata-Musters (S. 47), werden bei entsprechenden Anlässen angeschnitten.

Summary

Comparative anatomical investigations in petaloid hypsophylls.

I. Bromeliaceae

In spite of their ornamental value and in spite of their frequent occurrence in the Bromeliaceae, petaloid hypsophylls of this family have apparently not yet been subjected to comprehensive anatomical investigation. Therefore, foliage leaves (i. e. rosette leaves), green stem leaves (so-called scape hypsophylls) and petaloid inflorescence hypsophylls (bracts and bracteoles) of four Tillandsioideae (*Guzmania minor, G. nicaraguensis* and *Vriesea splendens* with red, and *V.* × *„Rodriguez“* with yellow hypsophylls) and of two Bromelioideae (*Nidularium billbergioides* with yellow and *Aechmea bracteata* with red hypsophylls) were studied from the point of view of comparative morphology and anatomy. The corresponding organs of *Aechmea fasciata* (hypsophylls pink) that had been studied earlier (Schon 1969, Napp-Zinn 1974) were included in the comparison and, in several cases, sepals and petals as well.

Red and pink coloration depend on the presence of anthocyanins in the first and sometimes, besides this, also in the second subepidermal cell layer of the leaf. Yellow coloration is caused by yellow chromoplasts in the mesophyll and, in petals, sometimes in the epidermis, too. In general, the substances responsible for coloration (anthocyanins and/or carotenoids) are already present in the foliage leaves; their specific manifestation in hypsophylls and floral organs, however, depends furthermore on the suppression of chlorophyll synthesis in the inner mesophyll.

With regard to morphology, petaloid hypsophylls may be interpreted as inhibition forms of foliage leaves inasmuch as in most cases they are reduced to mere leaf sheaths, occasionally with a rudimentary lamina. On the other hand, in the foliage leaves the length of the leaf sheaths decreases towards the centre of the rosette, but it increases again, at least partially, in the stem leaves with rising height of insertion, at the latest at the transition from green to petaloid hypsophylls (fig. 1).

Similarly with regard to their anatomical structure, bromeliaceous petaloid hypsophylls appear partly as inhibition forms of foliage leaves, partly as foliar organs „sui generis“:

as inhibition forms of foliage leaves in so far as the thickness of the mesophyll, particularly of the hypodermal water storage tissue, the development of the photosynthetic, conductive and supporting tissues, the degree of lignification, the densities of stomata and of peltate scale hairs, the lengths of guard cells and the cell number of hairs are in general greatly reduced,

as foliar organs „sui generis“ inasmuch as, at least in certain cases, some anatomical phenomena can only be observed in these hypsophylls. This refers to, e.g., the abaxial sclerotic hypodermis in the bracts of *Guzmania minor* and *Vriesea* × *„Rodriguez“* or to the regular occurrence of some stomata in the upper epidermis of the hypsophylls of the *Aechmea* species which conflicts the general hypostomaty of the bromeliad family.

In the course of this investigation, a number of new observations contributing to the general anatomy of this family have been made which are chiefly reflected by figures and tables in this paper. Stomata with more than two lateral subsidiary cells (fig. 23 VII) and extremely big multicellular scale hairs of *Guzmania nicaraguensis,* composed according to the formula $4 + 8 + 16 + 32 + 64 + 128$ (fig. 22), deserve particular mention. Several special problems, like those concerning the formation of hair and stomatal pattern, or the evolution of epiphytism, are pointed out in the respective contexts.

Resumen

Estudios anatómicos comparativos sobre los hipsófilos petaloides.

I. Bromeliáceas

A pesar de la importancia ornamental de los hipsófilos petaloides de muchas Bromeliáceas y a pesar de su amplia distribución dentro de esta familia, no parecen haber sido hasta ahora tema de profundas investigaciones anatómicas. Por esta razón han sido investigados morfológica y anatómicamente nomófilos (hojas arrosetadas), hipsófilos bajos (hojas caulinares) e hipsófilos petaloides (brácteas y bracteolas), de una manera comparativa, de cuatro Tillandsioídeas – *Guzmania minor*, *G. nicaraguensis*, *Vriesea splendens* con hipsófilos rojos y *Vriesea* × *„Rodriguez"* con amarillos – así como de dos Bromelioídeas – *Nidularium billbergioides* con hipsófilos amarillos y *Aechmea bracteata* con rojos. Los órganos ya antes mencionados han sido estudiados en *Aechmea fasciata* (con hipsófilos rosados) anteriormente (SCHON 1969, NAPP-ZINN 1974) y han sido incluídos en esta comparación, al igual que sépalos y pétalos en algunas especies.

La coloración roja y rosada resultan por la presencia de antocianinas en la primera y algunas veces inclusive en la segunda capa celular subepidérmica. La coloracíon amarilla es causada por los cromoplastos amarillos en el mesófilo; en los pétalos pueden encontrarse éstos también en la epidermis. Generalmente las substancias determinantes (antocianinas y/o carotinoides) ya están presentes en los nomófilos, pero a fin de que puedan manifestarse específicamente como en los hipsófilos petaloides y en los órganos florales, es necesario que la síntesis clorofiliana sea suprimida en el mesófilo interior.

Bajo aspectos morfológicos pueden ser considerados los hipsófilos petaloides como formas de reducción (o de inhibición), porque corresponden casi exclusivamente a la vaina de la hoja normal. Casi contradictorio a esto encontramos, que la vaina de los nomófilos disminuye por cierto hacia el centro de la roseta, pero los hipsófilos por otro lado aumentan muchas veces de largo, sea desde las primeras hojas caulinares, sea – a más tardar – durante la transición a las brácteas (fig. 1).

Anatómicamente se consideran los hipsófilos petaloides también parcialmente como formas de inhibición y como órganos foliares «sui generis»:

como formas inhibidas de nomófilos pues normalmente el grosor del mesófilo y especialmente el del tejido acuífero hipodérmico están reducidos, el tejido asimilatorio propiamente dicho es casi indiferenciado, los tejidos conductores y mecánicos solo alcanzan pequeñas dimensiones, el grado de lignificación es igualmente reducido, la densidad de los estomas y de los pelos escamosos es poca, las células oclusivas son más cortas de lo normal, y los pelos escamosos son formados por menos células, –

como órganos foliares «sui generis» en determinados casos, pues aquí se encuentra solamente una hipodermis esclerenquimática, como en *Guzmania minor* y en *Vriesea* × *«Rodriguez»*, o se encuentra tan solo un pequeño número de estomas en la epidermis superior, como en las especies de *Aechmea*, lo que es bastante extraño en esta familia, que por lo regular es hipostomática.

En el curso de estas investigaciones notamos un gran número de nuevos aspectos que contribuyen al mejor conocimiento de la anatomía general de las Bromeliáceas, los cuales pueden ser vistos en las figuras y tablas de esta publicación. Nombremos sólo los pelos peltados extraordinariamente grandes y multicelulares de *Guzmania nicaraguensis*, que siguen aproximadamente la fórmula 4 + 8 + 16 + 32 + 64 + 128 (fig. 22) o la existencia de aparatos estomáticos con más de dos células auxiliares laterales de la misma especie (fig. 23 VII). Algunos puntos específicos son tratados en ocasiones oportunas, como por ejemplo referente a la evolución del epifitismo (pág. 45) o referente a la formación del patrón de los pelos y estomas (pág. 17).

Literatur

BRAUNE, W., A. LEMAN und H. TAUBERT (1971): Pflanzenanatomisches Praktikum. 2. Aufl. – Stuttgart: G. Fischer.

BROWN, M. L. (1972): Bromeliad trichomes. – J. Bromeliad Soc. **22**, 111–118.

BÜNNING, E. (1958): Polarität und inäquale Teilung des pflanzlichen Protoplasten. Protoplasmatologia **8**, Art. 9 a. – Wien: Springer.

– und H. SAGROMSKY (1948): Die Bildung des Spaltöffnungsmusters in der Blattepidermis. – Z. Naturforschg. **3 b**, 203–216.

CEDERVALL, E. V. (1884): Anatomiskt-fysiologiska undersökningar öfver bladet hos Bromeliaceerna. – Göteborgs Kongl. Vetensk. och Vitterh. Samh. Handl., N. Tidsf., **19**, 1. Abh.

EHLER, N. (1977): Bromelienstudien. II. Neue Untersuchungen zur Entwicklung, Struktur und Funktion der Bromelien-Trichome. – Trop. u. subtrop. Pflanzenwelt **20**.

ENDRESS, P. K. (1975): Nachbarliche Formbeziehungen mit Hüllfunktion im Infloreszenz- und Blütenbereich. – Bot. Jahrb. **96**, 1–44.

ENGMANN, K. F. (1934): Studien über die Leistungsfähigkeit der Wassergewebe sukkulenter Pflanzen. – Beih. bot. Cbl. **52**, Abt. A, 381–414.

FRICKE, G. (1926): Über die Beziehungen der Hochblätter zu den Laubblättern und Blüten. – Planta **2**, 249–294.

GERLACH, D. (1969): Botanische Mikrotechnik. Eine Einführung. – Stuttgart: Thieme.

GERTZ, O. (1906): Studier öfver Anthocyan. – Lund (zit. n. SOLEREDER und MEYER).

GOETHE, J. W. VON (1790): Versuch, die Metamorphose der Pflanzen zu erklären. – Gotha: Ettinger. – Abgedruckt u.a. in W. TROLL: GOETHES Morphologische Schriften. Jena: E. Diederichs 1926, S. 127–186 (nach der II. Abteilung der Weimarer GOETHE-Ausgabe).

HARMS, H. (1930): Bromeliaceae. In: A. ENGLER und K. PRANTL: Die natürlichen Pflanzenfamilien. 2. Aufl., Bd. 15 a, S. 65–159. – Leipzig: W. Engelmann.

HASSACK, C. (1886): Untersuchungen über den anatomischen Bau bunter Laubblätter, nebst einigen Bemerkungen, betreffend die physiologische Bedeutung der Buntfärbung derselben. – Bot. Cbl. **28**, 84–85, 116–121, 150–154, 181–186, 211–215, 243–246, 276–279, 308–312, 337–341, 373–375, 385–388.

HEDLUND, T. (1901): Om fjällens byggnad och deras förhållande till klyföppningarne hos en del Bromeliaceer. – Bot. Notiser **1901**, 217–226 (zit. n. TOMLINSON 1969).

JOHOW, F. (1884): Zur Biologie der floralen und extrafloralen Schau-Apparate. – Jahrb. kön. bot. Gartens bot. Mus. Berlin **3**, 47–68.

KEILINE, E. (1915): Recherches anatomiques sur les feuilles des Broméliacées. – Rev. gén. Bot. **27**, 77–95.

KENDA, G., und F. WEBER (1951): Die Membran der Bromeliaceen-Schließzellen. – Phyton (Horn, N.-Ö.) **3**, 227–230.

Krauss, B. H. (1949): Anatomy of the vegetative organs of the pineapple, *Ananas comosus* (L.) Merr. II. The leaf. – Bot. Gaz. **110**, 333–404.

Linsbauer, K. (1911): Zur physiologischen Anatomie der Epidermis und des Durchlüftungsapparates der Bromeliaceen. – SB. kais. Akad. Wiss. Wien, math.-naturw. Kl., **120**, I. Abt., 319–348.

Möbius, M. (1927): Die Farbstoffe der Pflanzen. In: Handbuch der Pflanzenanatomie, Bd. III. – Berlin: Borntraeger.

Mozingo, H. N., P. Klein, Y. Zeevi and E. R. Lewis (1970): Scanning electron microscope observations on *Tillandsia usneoides* scales. – Trans. Amer. microsc. Soc. **89**, 259–263.

Napp-Zinn, K. (1951): Zur Gewebedifferenzierung des *Grindelia*-Blattes, insbesondere seiner Epidermis. – Z. Naturforschg. **6 b**, 430–437.

– (1956): Beiträge zur Anatomie und Morphologie der Involucral- und Spreublätter der Compositen. – Bot. Studien **6**.

– (1974): Anatomie des Blattes. II. Blattanatomie der Angiospermen. A. Entwicklungsgeschichtliche und topographische Anatomie des Angiospermenblattes. 2. Lieferung. In: Handbuch der Pflanzenanatomie, Bd. VIII. – Berlin und Stuttgart: Borntraeger.

Rauh, W., H. Lehmann und J. Marnier-Lapostolle (1973): Bromelien für Zimmer und Gewächshaus. II. Die Bromelioideen und Pitcairnioideen. – Stuttgart: Ulmer.

Rauh, W., H. Lehmann und R. Oeser (1970): Bromelien für Zimmer und Gewächshaus. I. Die Tillandsioideen. – Stuttgart: Ulmer.

Rauh, W., R. Schill, N. Ehler and W. Barthlott (1973): Some remarks on the water supply of bromeliads. – J. Bromeliad Soc. **23**, 89–116.

Schimper, A. F. W. (1888): Botanische Mitteilungen aus den Tropen. II. Die epiphytische Vegetation Amerikas. – Jena: G. Fischer (zit. n. Ehler 1977).

Schon, I. (1969): Anatomische Untersuchungen an petaloiden Hochblättern. – Staatsexamensarbeit Köln.

Solereder, H., und F. J. Meyer (1929): Systematische Anatomie der Monokotyledonen. Heft 1. Farinosae. – Berlin: Borntraeger.

Tassi, F. (1899): Struttura delle foglie della *Tillandsia dianthoidea* Rossi in rapporto col suo modo di vegetazione. – Bull. Lab. Orto bot. Siena **2**, 99–102 (zit. n. Tomlinson 1969).

Tietze, M. (1906): Die Entwicklung der wasseraufnehmenden Bromeliaceen-Trichome. – Diss. Halle-Wittenberg.

Tomlinson, P. B. (1969): Anatomy of the Monocotyledons. III. Commelinales – Zingiberales. – Oxford: Clarendon Press.

Troll, W. (1939): Vergleichende Morphologie der höheren Pflanzen. I. Band, 2. Teil. – Berlin: Borntraeger.

– (1949): Die Stiel-Spreiten-Relation als Ausdruck des Prinzips der variablen Proportionen. – Naturwiss. **36**, 333–338.

– (1955): Über den morphologischen Wert der sogenannten Vorläuferspitze von Monokotylenblättern. Ein Beitrag zur Typologie des Monokotylenblattes. – Beitr. Biol. Pflanzen **31**, 525–558.

Wallin, G. S. (1898): Über gerbstoffähnliche Tröpfchen im Zellsafte der Bromeliaceen-Blätter. – Bot. Cbl. **75**, 323–326.

Wetzel, K. (1924): Beitrag zur Anatomie der Saughaare von Bromeliaceen. – Flora **117**, 133–143.

REIHEN DER MATHEMATISCH-NATURWISSENSCHAFTLICHEN KLASSE

MIKROFAUNA DES MEERESBODENS

1972

10. PETER SCHMIDT, Zonierung und jahreszeitliche Fluktuationen des Mesopsammons im Sandstrand von Schilksee (Kieler Bucht). 60 S. mit 49 Abb., DM 18,—
11. ULRICH EHLERS, Systematisch-phylogenetische Untersuchungen an der Familie Solenopharyngidae (Turbellaria, Neorhabdocoela). 77 S. mit 25 Abb. DM 20,—
12. PETER SCHMIDT, Zonierung und jahreszeitliche Fluktuationen der interstitiellen Fauna in Sandstränden des Gebietes von Tromsø (Norwegen). 86 S. mit 76 Abb., DM 26,—
13. BEATE SOPOTT, Systematik und Ökologie von Proseriaten (Turbellaria) der deutschen Nordseeküste. 72 S., 33 Abb., DM 18,—

1973

14. WILFRIED WESTHEIDE, Zwei neue interstitielle Microphthalmus-Arten (Polychaeta) von den Bermudas. 16 S., 4 Abb., DM 6,80
15. BEATE SOPOTT, Jahreszeitliche Verteilung und Lebenszyklen der Proseriata (Turbellaria) eines Sandstrandes der Nordseeinsel Sylt. 106 S., 91 Abb., DM 28,—
16. TOR G. KARLING, Anatomy und Taxonomy of a New Otoplanid (Turbellaria, Proseriata) from South Georgia. 11 S., 3 Abb., DM 4,80
17. WOLFGANG MIELKE, Zwei neue Harpacticoidea (Crustacea) aus dem Eulitoral der Nordseeinsel Sylt. 14 S. mit 6 Abb., DM 8,20
18. EIKE HARTWIG, Die Ciliaten des Gezeiten-Sandstrandes der Nordseeinsel Sylt. I. Systematik. 69 S. mit 20 Abb., DM 24,—
19. ULRICH EHLERS, Zur Populationsstruktur interstitieller Typhloplanoida und Dalyellioida (Turbellaria, Neorhabdocoela). 105 S. mit 89 Abb., DM 32,—
20. PETER AX und PETER SCHMIDT, Interstitielle Fauna von Galapagos. I. Einführung. 37 S. mit 10 Abb., DM 11,20
21. EIKE HARTWIG, Die Ciliaten des Gezeiten-Sandstrandes der Nordseeinsel Sylt. II. Ökologie. 171 S. mit 105 Abb., DM 48,—
22. BEATE EHLERS und ULRICH EHLERS, Interstitielle Fauna von Galapagos. II. Gnathostomulida. 27 S. mit 13 Abb., DM 10,50
23. PETER AX und ULRICH EHLERS, Interstitielle Fauna von Galapagos. III. Promesostominae (Turbellaria, Typhloplanoida). 16 S. mit 5 Abb., DM 6,—
24. HORST KURT SCHMINKE, Evolution, System und Verbreitungsgeschichte der Familie Parabathynellidae (Bathynellacea, Malacostraca). 192 S. mit 48 Abb., DM 46,—
25. SIEVERT LORENZEN, Die Familie Epsilonematidae (Nematodes). 86 S. mit 23 Abb., DM 22,60

1974

26. PETER SCHMIDT, Interstitielle Fauna von Galapagos. IV. Gastrotricha. 76 S. mit 29 Abb., DM 24,20
27. PETER AX und RENATE AX, Interstitielle Fauna von Galapagos. V. Otoplanidae (Turbellaria, Proseriata). 28 S. mit 11 Abb., DM 11,20
28. WILFRIED WESTHEIDE und PETER SCHMIDT, Interstitielle Fauna von Galapagos. VI. Aeolosoma maritimum dubiosum nov. ssp. (Annelida, Oligochaeta). 11 S. mit 4 Abb. DM 6,40
29. PETER AX und RENATE AX, Interstitielle Fauna von Galapagos. VII. Nematoplanidae, Polystyliphoridae, Coelogynoporidae (Turbellaria, Proseriata), 28 S. mit 10 Abb., DM 10,80
30. ULRICH EHLERS und PETER AX, Interstitielle Fauna von Galapagos. VIII. Trigonostominae (Turbellaria, Typhloplanoida), 33 S. mit 13 Abb., DM 11,80
31. WILFRIED WESTHEIDE, Interstitielle Polychaeten aus brasilianischen Sandstränden. 16 S. mit 6 Abb., DM 7,60
32. ANNO FAUBEL, Die Acoela (Turbellaria) eines Sandstrandes der Nordseeinsel Sylt. 58 S. mit 29 Abb., DM 17,20
33. DIETRICH BLOME, Zur Systematik von Nematoden aus dem Sandstrand der Nordseeinsel Sylt. 25 S. mit 48 Abb., DM 8,80
34. BEATE SOPOTT-EHLERS und PETER SCHMIDT, Interstitielle Fauna von Galapagos. IX. Dolichomacrostomidae (Turbellaria, Macrostomida). 20 S. mit 7 Abb., DM 8,—
35. HANS VOLKMAR HERBST, Drei interstitielle Cyclopinae (Crustacea, Copepoda) von der Nordseeinsel Sylt. 17 S. mit 32 Abb., DM 6,80
36. HELMUT KUNZ, Zwei neue afrikanische Paramesochridae (Copepoda Harpacticoidea) mit Darstellung eines Bewegungsmechanismus für die Furkaläste. 20 S. mit 31 Abb., DM 8,40
37. WOLFGANG MIELKE, Eulitorale Harpacticoidea (Copepoda) von Spitzbergen. 52 S. mit 28 Abb., DM 17,80
38. WILFRIED SCHEIBEL, Ameira divagans Nicholls, 1939 (Copepoda Harpacticoidea). Neubearbeitung aus der Kieler Bucht. 10 S. mit 18 Abb., DM 8,—
39. GERTRAUD TEUCHERT, Aufbau und Feinstruktur der Muskelsysteme von Turbanella cornuta Remane (Gastrotricha, Macrodasyoidea). 26 S. mit 20 Abb., DM 10,80
40. FRANZ RIEMANN, On hemisessile nematodes with flagelliform tails living in marine soft bottoms and on micro-tubes found in deap sea sediments. 15 S. mit 6 Abb., DM 6,60
41. SIEGMAR HOXHOLD, Zur Populationsstruktur und Abundanzdynamik interstitieller Kalyptorhynchia (Turbellaria, Neorhabdocoela). 134 S. mit 97 Abb., DM 40,60
42. REINHARD M. RIEGER and SETH TYLER, A new glandular sensory organ in interstitial Macrostomida, I. Ultrastructure. 41 S. mit 15 Abb., DM 15,40

43. Peter Schmidt, Interstitielle Fauna von Galapagos. X. Kinorhyncha. 15 S. mit 2 Abb., DM 6,20
44. Wilfried Westheide, Interstitielle Fauna von Galapagos. XI. Pisionidae, Hesionidae, Pilargidae, Syllidae (Polychaeta). 146 S. mit 63 Abb., DM 40,80
45. Anno Faubel, Macrostomida (Turbellaria) von einem Sandstrand der Nordseeinsel Sylt. 32 S. mit 12 Abb., DM 11,80
46. Beate Sopott-Ehlers und Peter Schmidt, Interstitielle Fauna von Galapagos. XII. *Myozona* Marcus (Turbellaria, Macrostomida). 19 S. mit 7 Abb., DM 8,40
47. Sievert Lorenzen, Glochinema nov. gen. (Nematodes, Epsilonematidae) aus Südchile. 22 S. mit 4 Abb., DM 8,20
48. Peter Ax und Anno Faubel, Anatomie von *Psammomacrostomum equicaudum* Ax, 1966 (Turbellaria, Macrostomida). 12 S. mit 2 Abb., DM 6,20
49. Ulrich Ehlers, Interstitielle Typhloplanoida (Turbellaria) aus dem Litoral der Nordseeinsel Sylt. 102 S. mit 45 Abb., DM 31,40
50. Werner Katzmann et Lucien Laubier, Le genre *Fauveliopsis* (Polychète sédentaire) en Méditerranée. 16 S. mit 4 Abb., DM 7,80

1975

51. Herbert Mock und Peter Schmidt, Interstitielle Fauna von Galapagos. XIII. *Ototyphlonemertes* Diesing (Nemertini, Hoplonemertini). 40 S. mit 16 Abb., DM 13,40
52. Wolfgang Mielke, Systematik der Copepoda eines Sandstrandes der Nordseeinsel Sylt. 134 S. mit 87 Abb., DM 49,60
53. J. B. J. Wells, Helmut Kunz, G. Chandrasekhara Rao, A review of the mechanisms for movement of the caudal furca in the Family Paramesochridae (Copepoda Harpacticoida), with a description of a new species of *Kliopsyllus* Kunz. 16 S. mit 27 Abb., DM 7,80
54. Beate Sopott-Ehlers, Peter Schmidt, Interstitielle Fauna von Galapagos. XIV. Polycladida (Turbellaria). 32 S. mit 13 Abb. DM 12,80
55. Sievert Lorenzen, Rhynchonema-Arten (Nematodes, Monhysteridae) aus Südamerika und Europa. 29 S. mit 11 Abb., DM 10,40

1976

56. Anno Faubel, Populationsdynamik und Lebenszyklen interstitieller Acoela und Macrostomida (Turbellaria). 107 S. mit 75 Abb., DM 33,—
57. Peter Schmidt, Beate Sopott-Ehlers, Interstitielle Fauna von Galapagos XV. *Macrostomum* O. Schmidt, 1848 und *Siccomacrostomum triviale* nov. gen. nov. spec. (Turbellaria, Macrostomida) 45 S. mit 16 Abb., DM 15,20
58. David McKirdy, Peter Schmidt, Maxine McGinty-Bayly, Interstitielle Fauna von Galapagos XVI. Tardigrada. 43 S. mit 11 Abb., DM 14,40
59. Wolfgang Mielke, Ökologie der Copepoda eines Sandstrandes der Nordseeinsel Sylt. 86 S. mit 41 Abb., DM 28,20
60. Beate Sopott-Ehlers, Interstitielle Macrostomida und Proseriata (Turbellaria) von der französischen Atlantikküste und den Kanarischen Inseln. 35 S. mit 14 Abb., DM 12,80

1977

61. Wolfgang Sterrer and Peter Ax (Eds.), The Meiofauna Species in Time and Space. Proceedings of a Workshop Symposium Bermuda Biological Station. 1975. 316 S., DM 74,—
62. Peter Schmidt, Wilfried Westheide, Interstitielle Fauna von Galapagos. XVII. Polygordiidae, Saccocirridae, Protodrilidae, Nerillidae, Dinophilidae (Polychaeta) 38 S. mit 22 Abb., DM 10,80
63. Wilfried Westheide, Interstitielle Fauna von Galapagos. XVIII. Nerceidae, Eunicidae, Dorvilleidae (Polychaeta) 40 S. mit 13 Abb., DM 10,—
64. Peter Ax, Renate Ax, Interstitielle Fauna von Galapagos XIX. Monocelididae (Turbellaria, Proseriata) 44 S. mit 26 Abb., DM 13,—
65. Ilse Bartsch, Interstitielle Fauna von Galapagos. XX. Halacaridae (Acari) 108 S. mit 444 Abb., DM 25,80
66. David A. Doe and Reinhard M. Rieger, A new species of the genus Retronectes (Turbellaria, Catenulida) from the coast of North Carolina, U.S.A. 10 S. mit 2 Abb., DM 4,80

1978

67. Herbert Mock, Ototyphlonemertes pallida (Keferstein, 1862) (Hoplonemertini, Monostilifera) 14 S. mit 4 Abb., DM 5,—
68. Peter Schmidt, Interstitielle Fauna von Galapagos. XXI. Lebensraum, Umweltfaktoren, Gesamtfauna. 52 Seiten mit 19 Abb., DM 12,80
69. Ilse Bartsch und Peter Schmidt, Interstitielle Fauna von Galapagos. XXII. Zur Ökologie der Halacaridae (Acari). 38 Seiten mit 25 Abb., DM 10,40
70. Ilse Bartsch, Halacaridae (Acari) von Gezeitenstränden Nordnorwegens. 23 S. mit 47 Abb., DM 8,—
71. Günter Tzschaschel, Marine Rotatoria aus dem Interstitial der Nordseeinsel Sylt. Ca. 80 S. mit 25 Abb., ca. DM 18,40
72. Ulrich Ehlers und Jürgen Dörjes, Interstitielle Fauna von Galapagos. XXIII. Ca. 96 S. mit 30 Abb., ca. DM 25,50
73. Nicole Coineau und Peter Schmidt, Interstitielle Fauna von Galapagos. XXIV. Ca. 12 S. mit 4 Abb., ca. DM 5,40